当代科普名著系列

Å dykke etter sjøhester
En bok om hukommelse

记忆的探险
我们为何能记、易忘，还虚构人生

［挪威］希尔德·厄斯特比　［挪威］于尔娃·厄斯特比　著
李葆明　译

上海科技教育出版社

Philosopher's Stone Series

哲人石丛书

立足当代科学前沿

彰显当代科技名家

绍介当代科学思潮

激扬科技创新精神

策 划

哲人石科学人文出版中心

对本书的评价

◇

一本通俗易懂的书,阅读起来赏心悦目!

——《尼龙》(*NYLON*)

◇

有诸多理由要去阅读这本书,尤其它是如此令人陶醉,并带来些许令人不安的感觉。

——《泰晤士报》(*The Times*)

◇

引领读者开启长达450年的记忆研究的探险旅程。

——《柳叶刀》(*The Lancet*)

◇

希尔德和于尔娃深知,她们正在触及人类身份认同的核心,这是一个复杂的领域。她们非常专业地把读者带到一个被遗忘的世界。

——《悉尼先驱晨报》(*Sydney Morning Herald*)

◇

诗人和小说家打了先锋,但直到140多年前科学家才开启对记忆的研究,这正是一对挪威姐妹——小说家希尔德·厄斯特比和神经心理学家于尔娃·厄斯特比在这本引人入胜的著作里讲述的故事。

——《非暗》(*Undark*)

◇

这本书非常富有诗意，把神经科学与文学经典、个人回忆交融在一起。其结果是，相比于同一主题的其他著作，这本书更加内省、更富情感，写作技巧更加令人着迷，然而又不依赖于技巧。

——北欧科学(Science Borealis)

◇

细致的研究，优美的表达，把科学写得如此令人爱不释手，不像科学论文那样难懂。准备好刷新对你生活记忆的感受吧。这是一本令人难忘的书。

——戴维·恩格尔曼(David Eagleman)，
神经科学家，《纽约时报》(New York Times)畅销书作家、创意者，
PBS电视系列节目《大脑》(The Brain)的主持人

◇

很少能有这样的书，把神经科学变成秘闻、历史、文学和科学的组合。对于深潜记忆研究来说，更让人赞叹的是什么呢？希尔德和于娃堪称21世纪神经科学的勃朗特姐妹。

——玛丽安娜·沃尔夫(Maryanne Wolf)，
《普鲁斯特与乌贼——阅读大脑的故事与科学》
(Proust and the Squid: The Story and Science of the Reading Brain)的作者

◇

厄斯特比姐妹，一位是小说家，一位是神经心理学家，她们把各自专业优势结合在一起，撰写出这本书，诗意般地、清晰地描述了人类对记忆如何工作的探索历程。《记忆的探险》每章每节都是那么引人入胜，充满令人难忘的场景。当你读完最后一页，这些场景依然会冲击你的心灵，久久挥之不去。

——卢克·迪特里西(Luke Dittrich)，
《病者H. M.——关于记忆、疯狂和家庭秘密的故事》
(Patient H.M.: A Story of Memory, Madness, and Family Secrets)的作者

◇

　　记忆是我们拥有的最重要的能力之一。记忆有时是正确的，但经常是错误的，错误到可怕。在《记忆的探险》这本书里，通过科学和故事，我们能够知晓记忆可以有多好，也可以有多坏。厄斯特比姐妹为我们介绍了这个领域杰出先驱科学家和著名人物的轶事，阅读这本迷人的书，既是接受教育，也是享受娱乐。

—— 伊丽莎白·洛夫特斯（Elizabeth Loftus），
虚假记忆研究专家，《目击者证言》（*Eyewitness Testimony*）的作者

◇

　　我思故我在。从"节能"的角度出发，人类大脑的本能是"忘"。或许正是为了对抗这个本能，我们才产生了记忆。千百年来，神学家、哲学家和科学家苦苦追求记忆的物质基础以及工作机制，但到今天也并没有完全搞明白。悲观者认为这类似于"哥德尔不完全性定理"，即从人类自身出发研究人类是永远也研究不清楚的；乐观者则认为"行则将至"，正如黑色的眼睛是为了寻找光明。就让我们和作者一起出发，共同体验记忆的探险之旅吧！

—— 尹烨，
华大基因CEO

内容提要

超级记忆是天生的,还是也能通过训练获得?
生命的最后时刻,人们通常会回想起哪些事?
如何让一个无辜的人相信自己犯了重罪?
遗忘是一种幸福,牢记是一种痛苦?
畅想未来实际上是在回忆过去?
……

本书以轻松愉快、充满智慧的笔调回答了以上问题,甚至更多,引领我们纵览历史,从文艺复兴时期大脑"海马"——因外形酷似海洋动物海马而得名——结构的发现到当代对记忆机制的科学研究,去"窥探"大脑最令人着迷的运行机制,为这一融汇科学与人文的前沿学科提供了启发性的思考。

本书作者是来自挪威的一对姐妹,一位是神经心理学家,另一位是著名作家。她们巧妙地交织了历史、研究和出色的个人故事,带领读者踏上一段关于记忆科学的探险之旅:潜入深海,在奥斯陆峡湾进行记忆实验;留住时间,你会发现尝试记住生活中的点点滴滴是多么艰难;穿越时空,回到过去与奔往未来,揭示发人深省的洞察力、想象力。她们采访了世界顶级神经科学家、著名小说家、知名艺术家，还有牢记伦敦每一个门牌地址的出租车司机、恐怖袭击事件的幸存者，以解释记忆的工作原理，尝试回答为何有时记忆会如此差劲以及我们可以做些什么来改善记忆，甚至揭示了我们应该学会如何与遗忘为友。

作者简介

希尔德·厄斯特比（Hilde Østby），广受赞誉的小说《爱与渴望的百科全书》（*Encyclopedia of Love and Longing*）的作者，该书被挪威三大最受尊敬的报纸誉为"年度最佳书籍之一"。她的写作生涯始于成为挪威《每日新闻报》（*Dagsavisen*）的记者时，她担任过编辑和传播顾问，如今是挪威最大的报纸《晚间邮报》（*Aftenposten*）的非虚构类作品评论家。

于尔娃·厄斯特比（Ylva Østby），临床神经心理学家，挪威神经心理学会的副主席，致力于记忆研究。她在奥斯陆大学获得博士学位后，在挪威国家癫痫研究中心工作，亲身接触了深受毁灭性记忆功能障碍之苦的患者，认识到这类疾病的严重程度。如今，她在奥斯陆大学工作，研究癫痫患者记忆功能的长期发展。

CONTENTS 目 录

目 录

001 — 中文版序1

003 — 中文版序2

005 — 序言

001 — 第一章　大海里的怪物：海马的发现

015 — 第二章　探寻海马的秘密：记忆藏在哪里

039 — 第三章　跳伞者的临终记忆：什么是个人记忆

075 — 第四章　大杜鹃鸟巢的故事：当虚假记忆悄悄潜入

106 — 第五章　出租车司机实验与国际象棋比赛：你的记忆力能有多好

133 — 第六章　大象的墓地：遗忘的艺术

167 — 第七章　斯瓦尔巴群岛的种子：走向未来

198 — 参考资料

212 — 致谢：美好记忆的菜谱

214 — 译后记

中文版序 1

记忆是脑的神奇功能之一,我对自己的童年轶事仍然保留着相当完整的记忆,甚至一些细枝末节也栩栩如生、分毫不爽,恍如昨日。仔细想来,这70多年来,我身体的每一个分子都已经发生了更迭。作为储存记忆的器官——脑,其组构早已迥异,真的很难想象这种记忆的完整性是如何保留下来的。这也是为何对记忆机制的研究一直是脑科学中十分活跃的分支。

有关记忆的科普作品,汗牛充栋,各有千秋,但本书别树一帜。两年前我出访美国,就曾浏览过原著,印象很好。我十分惊叹,这两位作者竟然能将记忆这样复杂的科学问题讲述得如此生动!不论是关于"海马"在记忆中的作用,还是伦敦司机的超常记忆;不论是论及记忆的机制,还是描述遗忘的艺术,作者都把科学问题自然融入生动的文字之中,从而将科学问题的阐述变成一连串引人入胜的故事。

关于记忆的写作,实在是对作者智力、能力的异常强劲的挑战!这次迎接挑战的是挪威的一对姐妹,她们中的一位是神经心理学家,把握科学上的准确和严谨,另一位是小说家,赋予语言生动和灵巧,两人的合作可谓珠联璧合。这两方面的完美融合正是铸成这部科普作品的特色的重要原因。原著问世后,好评如潮,这固然是由于它所讨论的主题饶有趣味,但写作风格的特色也助推其成功。2000年诺贝尔生理学或医学奖得主坎德尔(Eric Kandel)曾说:"心智的神经生物学研究,不仅是前景远大的自然科学的探索,也是意义重大的人文方面的追求。"两位作者把心智研究的本质渲染得淋漓尽致。

本书的翻译者是我多年的同事李葆明教授。他长期从事学习、记忆的研究，卓有成绩，他的译文就科学的准确性而言，当然是不成问题的。难能可贵的是，从文字上说也可圈可点。我在通读中文版的校样时，经常为他的文字的流畅生动击掌叫好。相信读者一旦启读，便会爱不释手。

中国的"脑计划"实施在即。脑科学研究如日中天的局面正逐渐展开，但愿此书的出版会在脑科学研究的海洋中激起如许浪花，吸引更多的年轻人投身这一领域。我乐于见到因此产生的更多精彩华章！

杨雄里

中国科学院院士
复旦大学脑科学研究院学术委员会主任
2021年6月29日

中文版序 2

"记忆"这个词对我们大家来说是极为熟悉的,似乎也都了解它的内涵。在生活中,记忆给我们带来愉悦,也给我们带来烦恼。然而从脑科学的角度来看,"记忆"却是一个十分复杂的、到目前为止尚未研究清楚的脑功能。把这样一个复杂的脑功能简明扼要地讲清楚可不是一件易事。可是,挪威的厄斯特比姐妹,一位是小说家希尔德·厄斯特比(Hilde Østby),另一位是神经心理学家于尔娃·厄斯特比(Ylva Østby),作了一次有益的尝试。她们的合作获得了成功,为我们提供了一本好书。作者引领我们在记忆中探秘,让我们了解脑科学在研究记忆和遗忘过程中已取得的成就以及尚待解开的谜团。

记忆是脑的一种基本功能,其重要性是不言而喻的。记忆是多种认知功能的基础,例如,我们的语言功能必须有完好的记忆功能才能实现。没有记忆功能就不可能学会讲话,如果脑的记忆功能受损,前言后语无法连贯,我们也将无法正常讲话。又如阿尔茨海默病,它是一种严重影响老年患者生活质量的神经退行性疾病,它的一个突出症状就是记忆功能严重衰退,最早出现的症状也是记忆功能减退。类似的例子我们还可以列举很多。正因为记忆功能如此重要,人们才对它特别关注,关于记忆的科普读物也常常受到大众的欢迎。人们需要了解脑的记忆功能,也希望自己拥有较强的记忆能力。

本书的问世无疑将会受到我国广大读者的欢迎。然而翻译并不是一件轻而易举的事。我认为,翻译科普读物需要译者具备两方面的条件:一方面需要有专业知识的储备,另一方面需要有较强的文字表达能力。李葆明教授作为本书的译者可以说具备了这两方面的条件。他多年来从事大脑前额叶皮层认知功能方面的研究，颇有建树，对脑的记忆功能也有较深的领悟。他在专业方面的知识储备是我们完全可以信赖的。当我拿到译稿，读了若干章后，感到文字很流畅。这是难能可贵的，此书的确不失为一本翻译得很好的书。感谢李葆明教授为我国的广大读者提供了一本难得的好书。

梅镇彤

原中国科学院上海生理研究所教授、所长

2021年7月1日于上海

序 言

在普鲁塔克(Plutarch)的《希腊罗马名人传》(The Lives of the Noble Grecians and Romans)中，普鲁塔克提到了一个古老的哲学难题，现在称之为"忒修斯悖论"。在迷宫中杀死了人身牛头怪后，希腊英雄忒修斯(Theseus)扬帆返航，雅典人欣喜若狂，将他的船保存了下来，以示纪念。然而，随着时间的流逝，作为一件实物，船身渐渐磨损了，而且经常需要更换木板——这里一块，那里一块。最终，在几个世纪后，所有的原始木板都被替换了。那么，这艘船还是原来的那艘吗？

你可以问一个关于我们身体的类似问题。人体的含水比例为3/4，水分子总是不断地进出我们的身体，从来不会滞留太久。并且，由于DNA及其他生物分子的降解，我们需要随时更换"新零件"来修复它们。皮肤细胞的代谢周期为几周，血细胞需要几个月，肝细胞需要两年。即使是骨骼也会不断更新。在10年左右的时间里，你身体里的每一个原子都被替换了。那么，你还是原来的那个**你**吗？

直觉上，我们大多数人都认为数十载后我们还是原来的自己，但是，如果我们的身体发生了变化，这不是与之相悖吗？为什么我们仍然感受到如此强烈的连续性？一个重要的原因是，我们有记忆。生物分子往来如梭，但信息在我们大脑的流动模式始终如一。从根本上说，我们就是我们的记忆，我们的记忆就是我们。

然而，很少有人真正理解记忆是如何运作的。我们依赖于误导性类比或民间理论，抑或是我们浑然不觉，认为这一切都是理所当然的：记忆在我们脑内是如此轻而易举地运作，不费吹灰之力，以至于我们很少停下来思考它们究竟是怎样的奇迹。

我在这里无须多言。读完这本书后，你就会充分体会到记忆是多么复杂、美丽、错综。的确，在希尔德·厄斯特比和于尔娃·厄斯特比的笔下，记忆不只是一个简单的自我存储库，它是一种创造性的力量，一种积极塑造我们思维的动态驱动力。它拥有人类自身所有丰富、多层次的复杂性。

本书的独特之处在于作者厄斯特比姐妹所带来的双重视角。与电子或黑洞不同，记忆既是一种客观的现象，也是一种主观的现象。我们需要了解其中涉及的神经传导和神经放电模式，但记忆也是一种**活生生**的存在。我们需要从两方面来理解记忆，换句话说，就是需要从文学的与科学的角度来思考记忆。因此，当得知希尔德是一名小说家，而于尔娃是一名神经心理学家时，我感到非常欣慰。想象一下，如果著名的心理学家威廉·詹姆斯（William James）和杰出的小说家亨利·詹姆斯（Henry James）两兄弟合作撰写一本书，你会发现这种结合将提供多么有价值的视角。

我们通常认为科学是极端理性的，但科学也是一种强烈的人类活动。尤为重要的是，在研究记忆时，要看到人的主观的一面，因为它确实深刻地影响着我们的自我意识。在探索记忆是如何运作的过程中，本书将真正潜入自我的最深处，即你心灵最隐秘的那一部分。当你重新浮出水面，你将不会再以跟从前同样的方式来看待这个世界或你自己。

萨姆·基恩（Sam Kean）
《神经外科医生与疯狂大脑决斗的传奇》
（*The Tale of the Dueling Neurosurgeons*）的作者

第一章

大海里的怪物：海马的发现

> 记忆像是一个怪物；
> 你以为遗忘了，但并非如此。
> 它只是将事物进行归档。
> 它替你保管着东西，或对你隐藏着东西，
> 并以它的意愿，将这些东西召回。
> 你以为你拥有了记忆，然而却是记忆拥有了你！
>
> ——欧文（John Irving），
> 《为欧文·米尼祈祷》（*A Prayer for Owen Meany*）

在海底，雄性海马尾巴缠绕着海草，在水流中来回摆动。它也许渺小，但却神秘，没有一种海洋生物能与之相比。作为动物王国中唯一能怀孕的雄性，它站岗守卫，将受精卵装在育子囊中，直到小海马孵化出来，游向大海。

让我们回到主题：这不是一本关于海马的书。要找到真正的主题，我们必须从深海走出来，回到450年前。

那是1564年，地点是意大利的博洛尼亚，这座城市到处是优雅的砖造建筑和绿树成荫、藤蔓覆盖的人行道。在这座城市中世界上第一所真正意义上的大学里，阿兰提乌斯（Julius Caesar Arantius）博士俯身观赏着一件美丽的物品。好吧，如果你没有深入参与对它的研究，"美

丽"可能只是一种夸张。它是一个人类的大脑,从附近的一间停尸房借来的,显得有些灰暗和不起眼。学生们围绕着阿兰提乌斯博士,聚集在手术室的长椅上,专注地看着他工作,他和他面前的这个器官仿佛就是两名主角。阿兰提乌斯俯下身来,仔细观察大脑外层,饶有兴趣地研究它的每一部分、每一英寸,希望能了解它的功能。当他兴致勃勃地研究和解剖大脑时,他对宗教权威的漠视显而易见,因为在那之前不久,对人类尸体的科学研究还是被严格禁止的。

阿兰提乌斯将大脑切开,进一步研究内部结构。在大脑的深处,在颞叶里,他发现了一件非常有趣的东西。这是一件很小的东西,蜷缩在里面。在他看来这像是蚕。意大利文艺复兴时期上层阶级喜爱丝绸,它经丝绸之路从中国到达威尼斯,是一种奢华而富有异国情调的纺织品。进一步说,他们也喜欢蚕。出于好奇,阿兰提乌斯凑近观察,并仔细切割了几下,将这只"小虫"从大脑中分离了出来。

这是现代记忆研究诞生的时刻。记忆作为一种概念,从神话世界进入了现实世界。然而,回到16世纪的博洛尼亚,在那个特殊的日子里,城市的生活照常地进行着。在这座城市著名的藤蔓架和古老的红砖塔下,人们依旧品尝着葡萄酒、松糕和意大利面,没有人注意到这个重大的发现。

阿兰提乌斯将从大脑取出的小东西翻转过来,放在面前的桌子上,仔细思考这可能是什么呢。就是这样!与其说是蚕,不如说是小海马?是的,确实如此。它头部前伸、尾部蜷曲的样子确实像一只海马,一种生活在热带与英格兰之间浅海水域的、与众不同的小型鱼类。于是,他给它起了个名字:海马(hippocampus),拉丁语的原意是"海马怪物";它还与神话故事里半马半鱼的动物同名,据说这种动物在古希腊周围的海域到处肆虐。

尸体解剖桌上放着一支蜡烛,借着蜡烛的光,阿兰提乌斯无法回答大脑这一小部分究竟行使怎样的功能，他唯一能做的就是给它起个名字。几百年过去了，我们现在才完全理解这位意大利医生手中所握之物的意义。你可能会猜想到它与记忆有关。毕竟，本书的主题就是记忆。

当然，海底世界与我们大脑世界完全不同，但大海的海马与大脑的海马有许多相似之处。就像海洋里的雄性海马会把受精卵装在育子囊，直到幼崽安全孵化，大脑的海马也会携带一些东西，即我们的记忆，照看并培养着记忆，直到它们强大到能够独立存在。海马就像承载我们记忆的育子囊。

直到1953年，人们才知道海马对记忆有多么重要。然而，关于记忆在大脑中的储存位置，人们有过无数的猜测。早期流行的一种观点认为，我们的思想通过颅骨内的液体流动。到1953年，这种理论过时了，那时人们普遍认为，记忆是在大脑中创造和储存的。后来发生了一件事，又彻底推翻了这个理论。这件事对个人来说是悲剧，但对我们其他人来说，则是幸运的。一次失败的手术成为我们理解阿兰提乌斯早期发现的关键。

如果亨利·莫莱森（Henry Molaison）生活在现代，他的遭遇应该会大不相同。亨利患有严重的癫痫，且发作频繁。失神性癫痫一天发作几次，有时一小时几次，每次会昏迷几秒钟；惊厥性癫痫每周至少发作一次，那时他完全失去知觉，身体剧烈摇晃数分钟。医生给他开的药只会使病情恶化，甚至导致癫痫更加频繁地发作。1953年，27岁的他向外科医生斯科维尔（William Beecher Scoville）寻求治疗，这名医生做了一件在今天看来无比荒谬的事情。

斯科维尔医生并不是一个高瞻远瞩的人。他的灵感源于一名加拿大外科医生的报道，这名医生将一些患者的单侧海马摘除以达到治疗癫痫的效果，于是他相信，如果把亨利大脑两边的海马都切除，那么治疗效果将会是原来的两倍。亨利听了医生的话，在经历了长期的灾难性的癫痫发作之后，他绝望了，同意接受手术。不知不觉中，亨利·莫莱森成了记忆研究史上最重要的研究对象。

当亨利术后醒来时，医生发现他对过去两三年里发生的事情没有了任何记忆。事实上，他除了拥有短期记忆之外，什么也记不住。每次他去洗手间时，护士都得告诉他去往洗手间的路。他需要时常被提醒自己在哪里，因为他一想到别的事情就忘记了，他已经丧失了形成新记忆的能力。

在他术后的55年生命里，亨利确实每天活在当下。他不记得半小时前做了什么，也不记得一分钟前讲了什么笑话。他不记得自己午饭吃了什么，也不记得自己到底多大年纪，直到他看到镜子里头发灰白的自己。他向窗外望去，不得不猜测现在是什么季节。由于无法记住新的信息，他不能管理自己的财物、饮食以及家务，所以他只能与父母同住。尽管如此，他通常还是平静而满足的。但有时，一些事情仍会使他感到难过，比如父亲的去世。

亨利每天早晨醒来都忘记了悲伤，但每次他起床时，都会出现一个令人担忧的现象：他发现挂在墙上的那些珍贵枪支不见了，他觉得肯定是出了什么事，于是断定房子进了贼，枪支也被偷了。事实是，他的叔叔继承了这些收藏品，并向亨利解释他父亲去世了。但是，这些解释是没有用的，因为他第二天早上又会认为自己"被盗"了。后来，他叔叔不得不归还所有的枪支收藏。最终，亨利似乎接受了父亲不再回家的事实，在某种程度上，他明白父亲已经离开。

斯科维尔给亨利做的手术是一个试验，当时没有人能预料其后果。事实上，斯科维尔已经为其他几十个病人做了类似手术，没有人表现出任何明显的记忆丧失迹象，但问题是，这群手术病人都是严重的精神分裂症、偏执狂或其他精神疾病的患者，他们的行为早就不正常了，所以任何记忆问题都被归咎于他们的精神错乱。而且，他们在术后精神分裂程度并没有减轻。但那是一个前额叶脑叶切除术非常流行的时代，斯科维尔认为他可以通过切除海马而不是传统的切除额叶来改进这一现状。至于他为什么如此笃信这类手术，那是另外一个故事了。

我们的故事将围绕著名的亨利·莫莱森手术展开。事前，斯科维尔也非常担心手术的后果。1957年，他与加拿大神经心理学家米尔纳（Brenda Milner）共同撰写了一篇科学论文，承认了自己的错误。在文章发表后的几年里，米尔纳试图探索亨利的记忆是如何被损坏的，她相信她能和亨利一起向世人解释人类的记忆是如何形成的。

通过研究亨利·莫莱森，我们能学到哪些关于记忆的知识呢？在与他的简单交谈中，可以揭示一些记忆结构的基本知识。只要他不走神，不为周围的事情分心，他就能很好地抓住谈话的主题。这意味着他拥有正常的短期记忆，**短期**记忆是指在**极短时间**内保留的记忆。我们的经历在成为**永久**记忆之前，需要先停留在短期记忆上。当我们查找一个电话号码时，在拨号之前的一小段时间内需要记住这个电话号码；当我们记住一个新单词或新人名时，也会发生同样的事情。除非我们一直想着它们，否则这些事情在我们的记忆中停留时间不会超过几秒钟。有时，经过短期记忆的事情会被挑选出来进入长期存储。在这种情况下，只剩下短期记忆的亨利学会了如何巧妙地利用它。在一项研究中，研究人员对他感知时间的能力进行了测试，她告诉亨利她将会离开房间，回来时会问亨利她离开了多久。亨利觉得自己做不到这一点，所以他做了一件聪明的事：他趁研究人员没有注意偷偷看了一眼挂钟，然后一遍又一遍地默念时间，直到她回来。她回来后，他又看了看钟，计算她走了多久。由于他在测试中专注于这一任务，他能够将信息保存在短期记忆中。此时，亨利知道他正在参加一项测试，但他不记得研究人员的样子和名字了。

幸运的是,亨利喜欢智力挑战,他总是玩填字游戏,愉快地解决一道道难题,所以他愿意参加米尔纳的实验。在一项测试中,她给了他一个小迷津(纸上迷宫),他必须穿过一个个网格(grid)才能找到出口。在尝试了226次之后,他还是没有成功。他不记得以前的所有尝试,因此乐于继续尝试。

还有一次,米尔纳让他在只看着镜子里自己手的情况下画一颗五角星。对任何人来说,这都是一项艰巨的任务,因为当你看着镜像,画到星星的某一个角时,铅笔往往就会向错误的方向移动,但是可以通过练习提高,这是一种学习和记忆的方法,可以帮助你下次更好地完成任务。与记住你的经历或者弄清楚一个迷宫不同,这种记忆不涉及有意识的思考,就像骑自行车一样,你不需要记得必须以某种方式移动脚或倾斜身体来保持平衡,这种技巧能力已经变成了你的第二天性。每次亨利重复画五角星任务时,他都能取得进步。与海马完好无损的正常人一样,他最终掌握了这项技能,最后画得近乎完美,这让他感到吃惊,因为他早已忘记先前那一次次帮助他逐渐提高成绩的练习。

"这很奇怪。我原以为会很难,但看来我做得相当好。"他惊讶地说道。

米尔纳也大吃一惊,她对长期记忆有了一个重大发现:它由不同的、独立的储存区域组成。在任务学习时,那些程序性的记忆(身体对于如何完成某种操作的记忆)不需要海马的参与,那些基于有意识参与的记忆则依赖于海马。如果需要有意识的记忆,亨利就不会做得这么好了。

之后的几年里,米尔纳的学生苏珊娜·科金(Suzanne Corkin)接手了对亨利·莫莱森的记忆研究工作。苏珊娜与亨利的合作关系持续了40多年,某种程度上来说延续到他去世之后。虽然他们俩经常见面,对苏珊娜来说亨利早已是老朋友,但对于亨利来说,每次见面苏珊娜都是陌生人,都需要自我介绍。当苏珊娜问他是否知道她是谁时,亨利回答说她有些眼熟,猜想可能是某个老同学。也许他是出于礼貌才这么说,也许他脑子里的确残留着些类似记忆的东西,使他对她产生一种似曾相识的感觉,而他自己也不知道这种感觉从何而来。

关于亨利·莫莱森的研究证实:我们拥有的短期记忆他也拥有;而长期记忆,他只拥有无意识学习的那一部分,即**程序性记忆**。他所缺损的是储存可以被意识唤起的那部分记忆,即关于自我和世界的事实的记忆(**语义记忆**),以及对形成个人"记忆相册"的所有经历的记忆(**情景记忆**)。

以亨利·莫莱森研究为部分基础的现代记忆理论认为,先前已经储存的记忆与等待进入的新记忆是分开的。亨利确实有手术前的记忆,他记得自己是谁,从哪里来,也记得童年和青年时代发生的事情。但是,他手术前三年的记忆完全消失了。这意味着,记忆不是储存在海马,至少不是**只**储存在海马。无论如何,我们大脑深处这样一个微小、脆弱的结构,是不太可能有容纳我们所有生活经历的空间的。记忆成熟的过程中,海马必定在发挥作用。也就是说,在记忆被妥善地存储到大脑其他部位(大脑皮层)之前,海马扮演着记忆储存的角色。合乎逻辑的推测是,这一过程会持续三年左右,因为亨利记不得他手术前三年期间发生的事情。

亨利居住在母亲的房子里,日复一日,年复一年,连续不断的实验使他成了记忆研究领域的名人。幸运的是,研究人员隐藏了他的名字,直到他去世为止。否则,亨利会被过分热情的研究人员和新闻记者伤害。人们只知道他名字的首字母,直到今天,世界各地的记忆研究人员都只称他为 H. M.。

亨利把他的一生,或者至少是他一生的记忆,都献给了科学。他参加了接二连三的实验,使得研究人员能够记录下记忆是如何工作的。

虽然他术后记不起什么,但他记得手术前几年与医生的对话,这意味着他明白自己出了问题——也许是手术出了问题。这就是为什么他一再告诉研究人员,他想帮助其他人,以防止同样的事情发生在他们身上。"这真是一件非常有趣的事情:你只是活着、学习着,但就是记不住。我正活着,我学习着,我就是记不住。"

对亨利的研究得到的另一个重要的结果是,再也没有人以同样的方式接受手术。不管病人是患有癫痫还是精神分裂症,斯科维尔都不再切除他们的双侧海马。然而,治疗癫痫的手术在继续,至今仍在进行。如果一个病人患有起源于海马的癫痫,有时可以通过切除单侧海马来治疗,让另一侧海马保持完好无损,那么新的记忆至少还有一个进入长期记忆的通道。

对于我们这些大脑完好无损的人来说,拥有记忆是理所当然的。"我相信我会记住这个,我不需要把它写下来。"生命中所有特别的时刻都会成为我们的记忆,不是吗?我们喜欢将记忆想象成一个硬盘,里面装满了我们生活的各种片段,可以随时查看。但事实并非如此。当我们开车去商店,或是与亲朋好友围坐在餐桌旁时,我们怎么能确定这些时刻会被记住呢?这些记忆在未来还会有用或者重要吗?当然,我们的记忆会关注一些特别的时刻:生日、婚礼、初吻、第一次踢球得分,等等。但是,其他的那些时刻,它们会怎么样?我们时不时地清理自己的大脑,丢弃不需要的"杂物",妥善保存需要保留的东西。这是一件好事,因为如果我们必须记住生活中的每一个时刻,我们就只能天天记忆往事,哪里还有时间去生活?

然而,有些人的大脑比普通人的大脑能储存更多的内容:让我们来认识一下所罗门·谢里谢夫斯基(Solomon Shereshevsky)吧,他是一个过目不忘的人。

20世纪20年代,所罗门是俄罗斯一家报社的记者,他总是惹恼他的主编,因为他每次接任务时从不做笔记。当主编分配当天的任务时,其他记者都急切地用笔记下自己的任务,以便开展工作,而所罗门只是坐在那里,仿佛一点都不在乎。

"我说的话你听不懂吗?"主编问道。

但所罗门已经记住了所有的信息:每个被提到的地点、人名、事件,他可以把所有的细节都复述出来。"不是每个人都应该是这样处理的吗?"他纳闷地想。他觉得其他人都必须做笔记很奇怪。对他来说,听一遍就记住是很正常的。主编带所罗门去见了一位专家,即神经心理学家卢里亚(Alexander Luria)。他们来到卢里亚的办公室,与亨利·莫莱森一样,所罗门也接受了一系列测试。

一个人到底能记住多少东西?事实证明,这几乎是无限的,至少很难找到所罗门记忆的极限,心理学家给他看了一长串无意义的单词,他可以按任意顺序背出字母,甚至是倒背。他能在一眨眼的工夫里记住其他语言(非俄语)的诗歌、数据表及高等数学公式。17年后,当所罗门再次遇见卢里亚时,他仍能复述许多年前看过的那一长串单词。

所罗门最终辞去了报社的工作,开启了作为记忆学家和记忆艺术家的新工作。他出现在舞台上,背下观众所提供的不计其数的数字和单词,然后准确无误地复述一遍,让观众们大吃一惊。但与你所想的恰恰相反,这种令人惊叹的记忆力——我们都梦想拥有的记忆力——并没有让所罗门变得富有,也没有让他变得有影响力或者特别快乐。他从一份工作转到另一份工作,最终在1958年孤独地死去,没有任何家人和朋友陪伴在身边。

所罗门·谢里谢夫斯基惊人的记忆能力部分是由于他患有"联觉症"(synesthesia),这种症状表现为一种感觉的出现总是伴随着另一种感觉,例如视觉、听觉、嗅觉或味觉。所罗门患有极端严重的联觉症,他经历的每一件事情都伴随着明亮的色彩、强烈的味道,或是特殊的图像；他听到特定的单词会联想到特别的画面，甚至是味道和气味，某些声音也会引起强烈的视觉印象。有一次，在一个小卖铺买冰激凌时，他突然感到厌恶而后退，因为小贩的声音让他看到了滚滚的黑烟和灰烬。正是这些深刻的感觉使得他的记忆力超乎常人。据说，除非他有意识地将记忆清除，否则即使是一串毫无意义的数字，他也无法忘记。

所罗门是独特的，几乎没有人能像他那样清楚地记住所有事情，与他相比，其他人的记忆力简直是一个笑话。除了父母的电话号码及从小学起就在使用的公交时刻表外，你真的还会想记住所有遇到过的洽谈电话号码和公交时刻表吗？

所罗门去世50年后，82岁的亨利·莫莱森也去世了。这两个人超乎寻常，他们的区别不仅仅在于一个拥有强大无比的记忆，而另一个什么都记不住。在这50年里，他们之间的巨大差别也导致在他们身上开展的记忆研究方法有所不同。我们对亨利的大脑了解很多，对所罗门的大脑却一无所知，我们不知道他是否拥有一个特别大或其他方面存在显著不同的海马。即使在去世后，亨利仍在为科学作贡献。他立下遗嘱，死后将大脑捐给科学研究。那个在他生命最后40年里密切合作的研究人员——神经科学家苏珊娜·科金——希望在科研中给她的研究对象一个"来生"。

亨利于2008年12月2日去世。之后，科金与一大批医生和科研人员一起研究如何使亨利的大脑造福于后代。首先，哈佛大学的研究人员在波士顿运用磁共振成像仪对亨利的大脑进行扫描。接着，科金把亨利的大脑放进冷却罐，移交给大脑研究人员安尼斯（Jacopo Annese），后者带上装有亨利大脑的冷却罐飞往圣迭戈。安内斯位于圣迭戈的大脑观察站（脑库）保存着许多死者捐献的大脑，这些大脑被用于各种研究，包括研究阿尔茨海默病及正常衰老过程。在那里，安尼斯的团队已经准备就绪，要将亨利的大脑切成薄如发丝的脑片。"病人亨利在世时，慷慨充当科学研究的热心对象,他的个案引起了人们的巨大关注。我们相信,对他的大脑开展研究,同样会引起巨大的关注。"安尼斯说道。

亨利的大脑需要特别的关注。在大脑观测站,没有哪个大脑像他的大脑那样,受到如此广泛的科学关注。研究小组对2401张亨利大脑的切片逐一进行拍照,将这些照片转化为数字文件储存起来,并将大脑切片保存在甲醛里。他们花了53个小时才完成这项工作,直到确定这个特殊大脑的所有部分都被安全地保存下来,安尼斯才安然入睡。多亏了他的工作,研究人员现在可以判断当年斯科维尔犯错的确切位置,并推测海马附近哪个未被切去的区域曾帮助亨利偶尔记起一些事情。

科金于2016年5月去世,享年79岁,她的大脑现在由其他研究人员安全地保管着。科金的大脑没有任何不同寻常的手术瘢痕,但保存着她对记忆研究特殊贡献的几十年的记忆。

亨利·莫莱森留下的大脑是一个全新的科研领域。现在,海马在我们的记忆中有了明确的位置。过去50年里,学者们越来越关注在各个层面水平上开展记忆研究,直到细化、定位到细胞水平。

"我相信在我的有生之年,我们能够揭示记忆在大脑中是如何工作的。"世界一流记忆研究科学家、伦敦大学学院和威康信托基金会神经影像中心的马圭尔(Eleanor Maguire)教授说道。她的研究集中在海马,让我们能够"看到"记忆。在一次实验中,她让受试者思考一段特定的记忆,同时通过磁共振成像仪观察海马激活的模式。当受试者思考另一段特定记忆时,海马展现出不同的活动模式。

"你的经历被装入大脑,然后被拆散移走,储存在大脑新皮层的众多不同小的区域。每当你回忆起它,它就会被组装并复活。"马圭尔说,"海马对于在你心灵之眼里重构记忆发挥至关重要的作用,它让你能重温往事。"

某种意义上讲,记忆研究也是一个将碎片进行拼装的过程。记忆本身是无法看见的,没有人能将记忆放在显微镜下观察。这就是为什么记忆从纯粹的哲学话题和文学话题转变为科学研究对象用了如此漫长时间。心理学是一个相对较新的学术领域,关于记忆研究的历史比其他许多学科都要短。当研究人员开始拼凑人类记忆时,那一幅幅内心世界的画面着实令人震惊。他们孜孜不倦地研究一大堆一大堆的单词、一连串一连串的数字、一些毫无意义的形状、一桩桩银行抢劫案、一个个生活故事和一场场木偶戏,以此作为实验材料,利用志愿者大脑的记忆来探索记忆的奥秘。

有人可能会说,测量如此抽象的东西毫无意义,它只存在于拥有相关记忆的个体。我们怎么可能把普鲁斯特(Marcel Proust)的七卷本《追忆似水年华》(*In Search of Last Time*)对回忆的描写简化成数字和科学图表呢?捕捉人们独有的经历,将其转化为科学,这难道不是一个悖论?就像把海马浸泡在甲醛里,难道它的美与本质就能永存了吗?

然而,关于研究记忆的必要性存在许多有力的证据。将记忆转化为具体的、可测量的事物,可以帮助我们对健康人和患者的记忆进行比较,然后就可以帮助那些记忆有问题的人们。这有助于我们理解大脑是如何工作的,继而找到当下主要医学问题的解决方法,例如对阿尔茨海默病、癫痫和抑郁症的预防与治疗。

记忆研究经历了140年左右的历史,但并未解开所有的谜题,远未解开。在记忆研究的"战场"上,分歧永远存在。一个长期存在的争议论题被称为"记忆战争"(memory wars):一方坚持认为,记忆在极端情况下会有不同的"面孔",会出现压抑(repression)和解离(dissociation)这类现象;另一方则认为,记忆总是以同样的方式"跳舞",只是在极端情况下表现得更为强烈。另一个热点问题是记忆训练的可能性:记忆能像强化肌肉一样,通过反复训练变得更好吗?或者,可否使用策略和技巧提高现有记忆能力?

记忆到底是什么？即使这个问题也存在争执，这种辩论在学术会议纪要、科学论文技术细节里到处可见，辩论不时被写给科学期刊编辑的愤怒信件推向高潮，科研人员试图通过这种方式在科学界赢得一席之地。这就像一场缓慢进行的竞选活动，或一场持续50年、100年的电视辩论。

甚至海马的作用也存在争议，两大阵营处于对立状态。一方坚信，海马的作用只是将记忆巩固到大脑其他部位，随着时间的流逝——有时在良好睡眠的帮助下——记忆会迁移到更加强健的大脑皮层网络，海马则小心翼翼地放下一直照料着的记忆。另一个阵营认为这太简单了！他们坚信海马保留着记忆，尤其是那些我们独有的、生动的个人记忆，它就像是我们的个人记忆剧场，这些记忆同时会更加牢固地储存到大脑皮层。这一阵营的科学家们认为，每当我们回想一段记忆时，海马就会参与其中，每次都会有稍新的解读和重构，并覆盖和改写原有的记忆。

就像海马所处的海洋生态系统对理解海马的存在很重要一样，海马的大脑周边环境对理解记忆是如何保存和读取也很重要。过去几年里，人们越来越关注海马如何与大脑的其他部位相互作用。通过现代磁共振成像技术，我们可以看到记忆表达于神经网络，构成这一神经网络的大脑不同部位行动一致，犹如随曲同步起舞。心理学的创始人之一威廉·詹姆斯（William James）早在1890年就明白了这一点："相反，记忆是一个非常复杂的表征，事件及其相关物被'召回'，共同构成一个整体，……在一个完整的意识脉冲状态被感知……，并且可能涉及一个非常复杂的大脑过程，远比其他感觉功能所依赖的大脑过程要复杂得多。"

换句话说，每一段记忆都是由不同的碎片组成，它们被整合在同一个意识波中。记忆的每个组成部分均起源于大脑不同区域，在那里首先经历感觉处理。为了让整件事情感觉像是一次经历，一段独特的记忆，大脑各个部分需要进行复杂的交互作用。詹姆斯并不知道这个过程是如何运作的，但他在19世纪90年代对记忆和思维就有这样的理解，的确是非凡的。詹姆斯在世的时候，人们把每一个记忆看作是一个整体，一个现实世界的副本，就像可以从文件柜的文件夹中取出的东西一样。理解记忆的关键是海马——它随着感觉区域和情感、意识中心的节律缓慢起舞（100年前人们还未发现）。就在詹姆斯"纸上谈兵"的前几年，研究人员发现神经元通过一种微小的"突触"相互连接，也就是所谓的"神经元学说"。从那时到今天的脑科学研究，我们现在可以"看到"记忆在大脑重现，这是一个多么漫长的过程。

我们都能从这段旅程中受益，并且更多地了解我们的记忆。事实证明，微小的海马是解开大脑之谜的关键。当阿兰提乌斯将其命名为海马时，可能并不仅仅是因为它的外观。海马，就像蚕一样，在文艺复兴时期是独特且神秘的。当一件事非常独特时，就有助于海马将其转变为记忆。我们现在明白了，但阿兰提乌斯当时不可能充分了解他发现的海马，他只希望自己的发现能得到关注，并被记住。

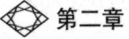第二章

探寻海马的秘密：记忆藏在哪里

记忆有着强大生命力。但如同梦想，它们在黑暗中茁壮成长，

在我们的心灵深海潜藏几十年，宛如海底沉船。

把它们拖到阳光之下是要冒风险的。

——巴拉德（J. G. Ballard），

《帝国的回顾》，《卫报》(*The Guardian*)，2006年3月4日

距挪威奥斯陆一小时车程开外的吉尔特潜水中心，栈桥外不远处就有40多种不同类型的海蛞蝓（裸鳃类动物）。这些"海洋鼻涕虫"色彩斑斓，从深紫色到近乎透明的白色，应有尽有。它们身上或披着尖端带有小星星的棘，或装点着如20世纪50年代迪士尼动漫人物般的粉红色流苏。小家伙们或是将橙色的棘伸向波光粼粼的水面，或是将散发着淡绿色荧光的棘缩回身体。这样的光点汇聚成一个个流光溢彩的云团，在栈桥附近漂游徘徊。

水温只有4℃多一点。往海峡方向，我们仍能看到水波尽头起伏的浮冰。很快，10名身着黑色潜水服的潜水员就将进入满是海蛞蝓的海水中，追寻海马的秘密。潜水员脚蹼拍打着栈桥，就像企鹅蹒跚走向大海。他们缓慢潜到15米深处，激起的漩涡卷着粼粼的光团。我们在栈桥的观察点，看着黑色水面下气泡汩汩而出，指示着潜水员的位置所

在。然而,他们要找寻的海马并不在海水中,尽管我们确实是在奥斯陆海峡。他们要找寻的东西藏在紧实的潜水服里:这些跳进2月冰冷海水的潜水员们是要找出大脑海马发生了什么。他们在搜寻记忆。

我们将一起踏上这条探索记忆的神秘之旅,去发现记忆进入我们大脑后的表现。某种程度上讲,研究记忆就像研究潜水。我们的"潜水员们"划破水面,沉入记忆的深处。留给我们的观察痕迹就像潜水员们吐出的一串串气泡,从水底升起,爆出水面。

我们正在重复记忆研究史上一项著名的实验,那是1975年首次在苏格兰近海进行的。记忆研究者戈登(Duncan Godden)和巴德利(Alan Baddeley)决定检验一个流行的说法:回到事件发生的地方,你的回忆会更清晰。就像犯罪小说描述的那样,侦探回到案发现场时,总会记起某个重要细节。有一个简单的理论:当我们置身于与事件发生时相同的环境中,相关的记忆就会自然而然地在我们的脑海回荡。

记忆在我们与它初遇的地方真的更容易被唤醒吗?记忆是如何被保存的呢?它们在大脑的哪个部位被永久保存?为此,戈登和巴德利开展了一项研究,让受试者在两种不同的环境中——岸上和水下——完成相同的任务。受试者要么在岸上,要么在6米深的水下,他们的任务都是记一串单词,然后分别在岸上或水下把这些单词回忆出来。任务分为4个子任务:第一串单词在岸上学习,岸上回忆;第二串单词在水下学习,岸上回忆;第三串单词在水下学习,水下回忆;第四串单词在岸上学习,水下回忆。研究人员猜想,水里的种种不便——寒冷潮湿的环境以及只能通过面罩呼吸等,会让潜水员比在岸上记得少。似乎从理论上讲,与在陆地上相比,在水下记忆东西应该更困难,潜水员要抵抗水压,还要呼吸不同往常的混合气体,这使得他们更难集中注意力。

2016年2月这个寒冷的早晨,我们派遣潜水员进入奥斯陆峡湾,这还是第一次有人在海水中重复戈登和巴德利的实验——虽然也曾有人在游泳池里重复过这项研究,但我们知道这有着实质上的差异。这10位年龄在30—51岁的男子得出的实验结果会支持传说中的英国实验结论吗?

"在经历了数千次的潜水之后,现在我可以告诉你我在水下的确切位置,这是我以前做不到的。"业余潜水爱好者、实验摄影师夸默(Tine Kinn Kvamme)这样说道。水下缺氧和高于日常的压力条件意味着人们的大脑功能会与平时有所不同。

"当人们是初次潜水时,几乎没有人记得什么,也不能报告水下发生了什么。如果你要求初次潜水者在水下以倒序方式(backward)写出自己的名字,通常他们可能就真的写出个'backward',或者只把名字中的某个字母倒过来书写;如果你问他们一头牛有几个轮子,他们有可能会回答4个*。"

通常,记忆储存在一个巨大的大脑网络中。记忆进入我们的大脑时,会与来自相同环境、相同感觉、相同音乐或过去相同重要时刻的类似记忆联系起来。记忆很少会像一条孤寂的鱼,独自游来游去,与其他鱼毫无联系。相反,它们会陷入一个充满其他记忆的渔网。当你想要唤醒一段记忆,如果能回忆起它周围的其他记忆,你就有更大机会逮住这条"记忆之鱼"。当你收网的时候,网上布满了记忆,你可以一直收下去,直到找到你想要的那条"鱼"。

人的记忆在充斥潜水设备和其他干扰的紧张情况下,也是这样工作吗?当潜水员被要求在水下记忆时,"水下"这个场景是否能帮助他们记忆呢?

1975年的实验显示了预期的结果:在水下记忆的单词在水下更容易回忆起来,而在陆地上记忆的单词在干燥的环境中更容易忆起。我

---

* 牛是没有轮子的,但初次潜水者在高度紧张的状态下会忽视常识,回答牛有4个轮子。——译者

们对潜水员做了同样的测试,但是我们不希望受试者的期望影响实验结果,所以实验前我们并没有告诉他们先前实验的结果。

吉尔特潜水中心的气氛很紧张。我们并不是为了好玩而去重现这个经典的心理学实验:心理学实验的结果也并不总是可靠的。很多事情的发生都有可能是巧合,只不过通常众人看到的多是研究结果证实了假设,而那些观察到相反结果的研究人员会羞愧地、失望地把假设藏进抽屉。曾经有一组研究人员重做了心理学不同领域的100个实验,只成功复现了36个实验的结果。我们的潜水实验不在那100个实验之列。今天,在德勒巴克这个2月冰冷的雨天,我们要重复1975年苏格兰近海的那个记忆实验。

纵观历史,哲学家和作家都曾发问:记忆是什么?我们如何学习和记忆?又是什么使得记忆在脑海中重现?也许说出下面这段话要承担冒犯整个专业群体的风险:从多方面来看,我们能把哲学家们称作古典神经心理学家,因为虽然他们观察和尝试去了解大脑如何运转,却没有使用较为科学、先进的研究方法。我们的记忆最终落脚在大脑的何方?这个问题价值百万,人人都想找到答案。这一大团由神经元和血管构成的粉色器官,怎么就能装载我们所有的经历?公元前350年,在《论记忆与回忆》(*De Memoria et Reminiscentia*)这部著作里,亚里士多德(Aristotle)将记忆比作在蜡封上留下印记,但他没有告诉我们经历究竟是如何变成记忆的。

在吉尔特开展的潜水研究,可能也不会告诉我们大脑如何将文字刻在蜡上,但我们至少可以观察到记忆是如何连接并相互依赖的。场景依赖的记忆会告诉我们一些关于记忆存储的基本信息。先验知识在很大程度上决定你对新知识的理解。对新经历的理解依赖于你的旧有经验。这一知识网络为学习新知识提供了场景,为捕捉新知识创造了环境。如果你知道法国革命是怎么回事,你就更加容易理解俄国革命。

待我们的潜水员露出冰冷的面孔和热切的眼睛,把笔记本递给我们,里面记录着他们在25个无关联意义的简短单词中记住的所有东西,我们将亲眼看到他们的大脑是如何工作的,单词、海草以及2月冰冷的海水一并进入这张记忆之网。我们正静静地站在码头,2月的寒气穿透我们的羊毛内衣,这一切似乎没有什么特别,却又充满着魔力。

在文艺复兴时期,15世纪和16世纪,人们把记忆视为神奇的东西。那些年代,魔术师和炼金术士不仅试图炼金,而且首先和更重要的是用仪式和符号通过启蒙获得统治世界的权力。像玫瑰十字会和共济会这类秘密组织,就认为一个人可以通过反复修炼而变成圣人,成为神一样的存在。所有这一切的神奇之处就在于记忆。他们将想象刻入脑海并信以为真,而想象正是人类神圣创造力的源头。

其实仔细想想,这也不是什么离奇古怪的念头。我们能把过去储存起来,又能以一张张鲜活的画面把它们读取出来,这确实挺神奇。在记忆的殿堂里,几乎每个人都在上演各自独有的记忆舞台连续剧,时不时会加入一些新的诠释,变换一些演员。如今,我们已经知道自己所想所感的一切都发生在我们的脑细胞里。只不过,想在我们大脑中找出生活中发生的所有经历,仍然是一件不可能的事情。我们那些丰富的情感,奇妙的、悲伤的、美丽的、可爱的和可怕的经历,无一不以电脉冲的形式深藏在我们的大脑沟回之中,而周围的人无法触及。哪怕你我经历同一件事情,产生的记忆也会截然不同。

记忆到底在我们的大脑中留下了怎样的物理痕迹?如果我们能找到这些痕迹,它们能解释记忆吗?记忆既是抽象的(我们可以在脑海回想的状态或事件),又是具体的(神经元之间增强的联系)。记忆极其纷繁复杂,它不只是赢得智力竞赛节目所需的冷知识,也不只是从成千上万个不太相关的长期记忆目录中检索到的孤立事件。现在,请尝试想想你曾经经历的某件事情,回顾你对它的记忆,感受它带来的感觉:你在内心荧幕上看到画面了吗?你听到声音了吗?你看到你交谈对象的微笑和眼睛了吗?你是否漫步在夏日的海滩上,海浪拍打着沙滩?你应该还闻到了气味吧!我们回忆时并不像影院放电影,我们在回忆里闻得到肉桂面包味,闻得到海风里带来的海草味,海滩上烧烤的热狗味也会扑鼻而来。你甚至能体验到潜水时海水冲击身体的感觉。当我们回忆的时候,所有这些感觉在我们的大脑里飘荡。通过大脑的几个连接来描述记忆是徒劳,它必须要被感知才能显现本来面目。

不管进展如何,自神经元被发现以来,寻找记忆在脑内的物理印记就一直是大脑研究的主要部分——应该说,从亚里士多德谈论"蜡印"那时候就开始了。有些人称之为"记忆印迹"(engram),一种大脑的铭文,它的发现将成为记忆研究的里程碑。找到了"记忆印迹",我们也就可能理解大脑本身。在潜水员的帮助下,我们正试图找到保存我们记忆的"渔网",即记忆网络。这张记忆"渔网"下的每个元素,必定以某种方式依附于这张网;这些连接必定以某种物理形式存在于大脑。找到这些连接及其组成,是理解大脑处理记忆的必要步骤之一。在20世纪60年代以前,没有人成功地做到这一点。

也许,我们与答案之间仅仅隔着一只快乐的兔子,这样说是因为勒莫(Terje Lømo)几乎在兔脑中找到了最初的记忆痕迹,也就是记忆的最小部分。现在,勒莫已经成为奥斯陆大学名誉医学教授,主要从事生理学方面的研究,研究人体如何工作。

"我最感兴趣的是事物如何运作。对我来说,仅仅**描述**大脑是不够的。"勒莫说。1966年,他开始研究兔子。那是曾经无忧无虑生活在乡间的兔子,开心地啃着三叶草。如今,在勒莫手里,兔子将面对"麻烦"。它们躺在实验台上,被注射镇静剂,头颅上开着一个大大的孔。研究人员拿着微型电极向它走来。

"我们给兔子注射麻醉药,将它的大脑皮层吸掉一点,以便暴露出海马。然后,我们把透明温暖的石蜡灌入打开的脑洞,石蜡可使得脑组织保持在原来的位置,这不仅能给我们提供一个不错的视野,还能让这颗温暖潮湿的大脑继续工作。到目前为止,我们已经成功地获得一扇张望海马的窗户。"

勒莫想知道用微型电极向大脑发送小小的电脉冲时会发生什么。这并非仅由于他对海马特别感兴趣,还因为海马结构足够简单,易于观察。与极其复杂的大脑皮层相比,海马的内部结构布局要简单许多,也更容易理解,它的神经路线已经比较清楚了。

当时,勒莫与安德森(Per Andersen)一起工作。安德森先前发现,神经元可以突然发出一串信号,但他及同事们并不知道这些信号意味着什么,他们当初运用小小电极记录到这些信号的时候,还没有思考到记忆的问题。现在,勒莫决定一探究竟,这就是那只快乐但命不久矣的兔子登场的原因。勒莫用一根微小电极插到兔子大脑的一个部位,施加微小电脉冲刺激这一部位,这些刺激信号被传递到海马。同时,他们记录海马中的反应信号。

年轻的勒莫发现了令人震惊且从未被描述过的现象。当他用一小串电脉冲序列施加重复刺激时,海马那端细胞的反应变得更容易被触发了。

一定是发生了某种形式的学习过程,内容就像是被神经元记住了。当一个神经元接收到来自以前给它发过信号的另一个神经元的信息时,它自己也会相应地发一个信号。也就是说,前面的神经元必须先发出一连串催促信号:"来,来,来,开始工作了!"后面的神经元才会跟进工作。这样多次重复后,只要一个小小的"开工"提示,后面的神经元就知道该工作了,而且这种反应会持续存在。也就是说,大脑里的某些东西已经发生了永久性的变化。

勒莫发现的只是最细微的记忆痕迹。这种反应我们现在称之为"长时程增强",换句话说就是反复刺激导致某些突触发生了物理变化,这可以看作是神经元对反复刺激的回应。与勒莫同时期,在距奥斯陆几千千米之外的加拿大,麦吉尔大学神经科学家布利斯(Tim Bliss)也一直在细胞水平探索记忆,但是他手中缺乏把突触增强与记忆联系起来的证据。勒莫偶然发现的长时程增强现象正是他要寻找的证据,于是,布利斯去到奥斯陆。在1968年和1969年的两年间,勒莫与布利斯二人一起开展实验,并于1973年共同发表了一篇科学论文,阐述了记忆如何在微观水平上发生。

然而,这篇论文在发表后近20年里,并没有在学术界里掀起波澜,甚至无人理睬,因为学术界还没作好准备。当时还没有这样的研究氛围,其他研究还没有涉足这个特定领域。不过从那时起,布利斯和勒莫的论文为现代记忆研究奠定了基础。

我们现在对记忆有了更多的认识:记忆包含许多与之关联的其他内容;同一个神经元可以参与许多不同的记忆;记忆储存在大脑神经元之间的复杂连接网络之中;当某件事转化为记忆时,新的神经元连接形成——神经元通过"开"或"关",即发放或不发放信号,形成某种特定的关联模式。

我们的记忆不可能永远留在海马中,它们会迁移到大脑皮层。记忆需要一定的时间才能成熟,记忆储存所需的所有复杂连接都是在大脑中建立起来的,比如有关气味、味道、声音、情绪和图像的记忆储存。

"睡眠是记忆巩固所必需的。我们认为,睡眠中会再次经历一天中发生的事情,这样会让记忆更加牢固地附着在大脑皮层。但当我们处于压力应激之中时,可能就不会出现在睡眠中回播一天经历的过程,神经元的放电方式也就不会像我们之前看到的那样。所以几年后,当我试图在其他兔子身上再次实验时,以失败告终。"勒莫回忆道。

他的第一次实验是幸运的。那只小兔子有着快乐的一生,尽管这一生因为勒莫而变得短暂。第二次实验的兔子由于处于压力应激状态,它们大脑的神经元没有正常工作。也就是说,如果想从实验动物那里获得研究成果,你就必须善待它们。这同样适用于人类,当感觉到压力时,我们不会像快乐和放松的时候那样能够轻松地保存记忆。

与勒莫同时期的科学家在寻找记忆痕迹的过程中也取得了一些突破。1971年,伦敦大学学院的约翰·奥基夫(John O'Keefe)发现海马的一些细胞能够记住特定的**位置**。比如,海马中有一些神经元只有当我们坐上某把椅子时才活跃,我们即使坐上同在一个房间里的另一把椅子,这些神经元也不活跃。他们最终发现,有这样一群细胞(他们称之为"位置细胞"),总是能记住你身处何处。但是,记住一个位置以及这件事本身就是一种记忆吗?由于对这个问题的研究,挪威神经心理学家梅-布里泰·莫瑟尔(May-Britt Moser)和爱德华·莫瑟尔(Edvard Moser)夫妇与约翰·奥基夫一起获得了2014年度诺贝尔生理学或医学奖。这两位挪威科学家获奖,是因为他们对奥基夫的研究的拓展,对海马以外的脑区进行了深入的研究。他们研究的是内嗅皮层,这是海马与大脑其他部位的连接部位。莫瑟尔夫妇的实验动物是大鼠,当这些大鼠在环境中自由探索时,内嗅皮层的神经元就会发放信号。

通过外科手术,这些大鼠的脑内被植入了金属微电极。然后让它们在笼子里自由活动。与海马的位置细胞不同的是,内嗅皮层的单个神经元在大鼠途经**多个**地方时出现反应。这真是很神奇的一件事:他们期望中的位置细胞不是仅记住了一个位置,而是记住了同一区域的多个位置!莫瑟尔夫妇标记了每个细胞发放信号时大鼠在笼子里所处的位置点,他们看到这些点在电脑屏幕上构成了一个完美的六边形。大鼠在笼子里和迷宫里跑得越多,电脑上出现的六边形就越清晰越分明,整体来看就是一个清晰的蜂窝状图案。一个细胞,对应一个六边形网格:这就是一个对应周边环境的坐标系统。

"最初,我们还以为是设备出了问题,出现的图案过于完美,不像是出自真实的东西。"爱德华·莫瑟尔说。

每个神经元都拥有自己对应的六边形网格,每个神经元的网格与邻近神经元的网格又稍有偏差,这样一来,整个环境被网格完全覆盖。一些神经元的网格很细密,另一些神经元的网格则很大,甚至超出了研究人员能在室内测量的范围。没有这些"网格细胞",我们就无从得知我们所处的位置,也无法与我们曾经停留的地方建立关联。无论我们走到哪里,站着、躺着或开车,我们都需要建立这种网格反应模式。

"我们把大鼠放进一个十臂迷宫(ten-armed maze),发现它们也会建立网格模式,但同时会出现一个新的模式来对应每条臂。我们认为,这些不同反应模式是掺杂组合在一起的。如此,大鼠才能记住如何在迷宫里来回穿梭。"爱德华·莫瑟尔说。

随后,其他研究人员在接受手术的癫痫患者身上也得到了同样的结果。恰如预期:人和大鼠一样,所有的位置是都以六边形网格的模式进行存储。我们都是蜜蜂!把周围的世界组织成六边形相接的网格。

"我们认为,在哺乳动物演化的早期阶段,这种模式就已经形成了。"爱德华·莫瑟尔说,"并且我们认为,我们发现的网格细胞就是情景记忆的核心机制。不然,如果情景不能与某个具体的地点关联起来,形成记忆就几乎是不可能的。"

其他研究人员也认为,位置细胞和网格细胞在情景记忆中起着重要作用。有人甚至认为,这个位于海马和内嗅皮层的系统可以为每一段生活经历分配独特的记忆痕迹,成为整个记忆网络的一部分。也许,一开始,位置感知是海马和内嗅皮层的主要任务,但随着进化,我们的记忆地图被赋予一个新的功能:把我们个人的经历关联到记忆网格,六边形的环境地图变成了六边形的记忆渔网。

最近，加利福尼亚州的研究人员揭示了小鼠海马内的记忆网络如何与情境相关的记忆联系起来。他们也像勒莫那样，在海马上开一扇小窗，从而能够观察到海马内部一个叫海马角（cornu ammonis 1，简称CA1）的区域。从横断截面上看，CA1就像是一只往内弯曲、呈螺旋状的山羊角。研究人员通过这扇小窗，可以看到记忆的发源地。在一个略显新潮的显微镜下，研究人员可以看到，当小鼠被置于不同环境中的时候，CA1的神经元是如何被激活的。他们制作了三个不同的笼子：一个圆形，一个三角形，还有一个是方形的；三个笼子的气味、材质等环境条件各不相同。这样就可以构造三种不同的记忆场景。他们调控的关键因素是不同经历发生的时间间隔。他们比较了两组小鼠：一组小鼠先被放进三角形的笼子，紧接着把它们放进方形笼子，这些小鼠在短时间内连续体验了两个不同的笼子环境；另一组小鼠先被放进圆形的笼子，7天后再把它们放进方形的笼子，让这组小鼠在相隔较远的两段时间里产生两种情景记忆。研究人员通过显微镜观察探索笼子的小鼠，就能看到特定区域内的神经元如何活动。每种形状的笼子都在海马内产生了一个特定的神经元活动模式，这些特定的神经元活动模式意味着不同的记忆。神奇的是，时间相近的经历所对应的神经元集群之间出现了交叠现象。两种经历不仅在时间上连锁在一起，海马中编码它们的神经元的空间位置也关联在一起。与此形成对比的是，当小鼠探索两个笼子的时间相隔一周，这两个场景在海马中激活的神经元集群就是彼此分开的。

研究人员认为，这是因为一组神经元的激活会使附近的其他神经元更容易被激活。在这个情景网络中，相关的一切都被联系在一起。所以，戈登和巴德利的情景依赖记忆实验的立论以这种方式在大脑中得到了证实，不是通过让小鼠潜入水里，而是通过潜入小鼠大脑。

当我们经历某件事时，比如当我们发现自己处于某个特定场景的特定位置时，就会在大脑中形成一段记忆，随后记忆迁移到大脑皮层存储起来，直到我们再次想起。记忆是由神经元之间成千上万的连接构成的，而不是单一连接构成一段记忆。记忆远比勒莫发现的长时程增强要复杂得多。

但记忆究竟是什么样子的呢？我们能像观察简单的记忆痕迹那样观察复杂记忆吗？要做到这一点，光靠兔子和鼠的大脑是不够的，我们必须潜入人类的大脑，去观察记忆被唤醒时发生了什么。庆幸的是，我们不需要真的把人麻醉，不需要在他们的脑袋上开窗以一瞥记忆的真容。我们在第一章提到过，伦敦大学学院的马圭尔运用磁共振成像（MRI）技术研究人类记忆。她让招募的志愿者回忆过往的经历，通过磁共振成像观察到了他们的记忆痕迹。

磁共振成像仪利用强大的磁场为人体"拍照"。因为我们身体的不同组织对磁场作出的反应是不同的，这就可以给出我们详细的身体图像。磁共振成像仪可以设置特定的模式，从而读取流经大脑血液的氧含量水平。神经元需要氧才能正常运作，所以我们可以从磁共振成像仪获取的图像中看出神经元的活动情况。这样一来，当受试者回忆一件往事时，我们就能得知哪里的大脑神经元最活跃。这就是所谓的功能磁共振成像（fMRI），也就是给正在工作的大脑"拍照"成像。不同于普通的结构磁共振成像，利用功能磁共振成像技术可以看到记忆有如在水下亮起的小闪光，一簇簇迸发，然后点亮一片脑海。

但是，我们真的有可能看到一个人在回忆什么吗？在马圭尔的实验室里，受试者一边回忆自己的经历，一边接受功能磁共振成像仪的脑部扫描。实际上，这位教授正在设法通过功能磁共振成像找出受试者所记住的东西。受试者在回忆他们过去的经历，与此同时，马圭尔观察他们海马的活动。的确，她能看到每段记忆都有其独特的活动模式。

她通过训练电脑程序去学习,掌握了受试者的哪段记忆与哪些功能磁共振成像图像是关联在一起的。这样,在电脑程序的帮助下,研究人员就能知道功能磁共振成像仪所获图像与特定记忆的一一对应关系了。

这不就是一台读心机吗?

"在扫描前,他们开始回忆一段记忆。他们不能随机回忆一段经历,而是要回忆一段研究人员也知晓的内容。从某种意义上讲,这是一种**自主**的'记忆'读出过程。"马圭尔说道。

迄今为止,她还是只能看到黑胶唱片上划过的音轨,但听不到音乐。

"下一个目标是要在没有事先约定好记忆内容的情况下,看出人们记起了什么。但距离该目标还有一长段距离。"马圭尔补充道。就目前而言,我们可以放心,读心术还只是存在于科幻小说和电影里。

马圭尔之所以做这些实验,不是说她相信记忆可以被简化成功能磁共振成像图像的模式来勾选。对她来说,记忆是如此的复杂,它们足够独特,以至于只有保存它们的人才能完全了解。记忆也不是静止不变的。她观察到,随时间的推移记忆痕迹会发生一些变化:记忆被编码后的最初两周里,可以在海马的前部看到记忆痕迹;但更久远(比如十多年前)的记忆则是在海马的后部被处理。

马圭尔解释道:"记忆包含了许多最初的经历片段,这些片段在后来会被重新组合。记忆还很'新鲜'的时候,更容易获得,我们可以很容易地想象这一幕情景,想象出它是如何发生的。在海马中,新鲜的记忆很容易被唤醒。但随着记忆变得久远,这些记忆片段被储存到大脑其他部位,需要更多的努力才能把它们重构和唤醒。海马可以将所有碎片拼凑成一个完整、连贯的场景。"

那么,马圭尔到底在寻找什么呢?又是什么让这些记忆在海马的功能磁共振成像图像中具有特有的"特征"呢?马圭尔认为,一段记忆是神经元集群协同工作的成果。

"事实上,我们可以看到每个记忆都有独特的海马活动模式,这就意味着这个人的经历信息就在那里,它在某种程度上必定与生物学意义上的记忆痕迹有关。"

但是,受限于功能磁共振成像粗糙的图像分辨率,我们只能看到同时被激活的一大群神经元,而不是单个的神经元。

"虽然在细胞水平上研究记忆很重要,但我们也应该把记忆想象成一群神经元的活动。记忆不仅仅是突触连接,它要复杂得多。"马圭尔说。

对她来说,情景记忆首先是要基于特定的场景。"把所有破碎的片段加在一起毫无意义,除非把它们放在特定的情景之中,放在故事**发生**的地方。"

但是,由于情景与地点联系在一起,并且在你心灵的"眼睛"里构成一幅场景,这幅场景的重要成分或许就是海马和内嗅皮层内部形成的网格地图。记忆,就是通过一个个小小的突触,以长时程增强的方式使神经元之间的连接增强,从而固化下来。

"我们希望能够解开阿尔茨海默病之谜。其实,早在出现其他症状之前,阿尔茨海默病患者就已经出现了空间探索困难的问题。"爱德华·莫瑟尔说。疾病发作的最初阶段,最先被损坏的是最近的情景记忆。我们一生中积累了许多知识,而最近的情景记忆会在这些长期以来积累的知识消失之前先行消失,就像闪闪发光的粒子云,旋向大海,永远不会再回来。

那么,我们的潜水员们怎么样了呢?你们没忘吧,在这一章开始的时候,我们派了10名潜水员到奥斯陆峡湾冰冷的水里去。

雨水从潜水中心的屋檐滴落到干燥的地面上,我们搓着冰冷潮湿的双手试图保持温暖,但这只是徒劳,我们的牙齿开始战栗。当然,潜水员是自愿参加的,没有人强迫他们这样做。尽管如此,当水面上提醒潜水员位置信息的气泡寥寥无几时,我们还是忍不住为他们捏了一把汗。万一遭遇不测怎么办?如果他们的记忆力跟水母一样差,那该怎么办?我们暂时把潜水员话题搁一搁,先来说说水母:它们会有记忆么?

"我们不知道水母是否有记忆,"生物学家黑森(Dag O. Hessen)说,"但水母确实有一种'意向',因为它们只朝某个特定方向游动,虽然它们没有大脑,只有神经纤维。但是,所有的动物,包括最简单的动物,都有一定的学习能力。"

人类的记忆又是如何变得如此强大、先进的呢?为什么我们以人类的方式记忆,而不用水母的方式记忆?我们还有其他选项么?

"我们还不能证明动物是否有像人类一样的记忆,但我们确信动物的记忆也是与情景关联的,当它们看到或者感觉到什么时,记忆就会涌现。比如,当一只猫看到某扇柜门,会记得它曾在那里被夹过尾巴。"黑森解释道。

斑马也会深情地凝视夕阳吗,它们也能记住生命中最伟大的爱吗?狗突然发出悲伤的吠叫,是因为它想起了自己年轻时的悲伤经历吗?瞪羚会因为想到两年前那个心惊胆战的时刻而畏缩不前吗?美洲豹在想起自己第一次杀死猎物时会闪过一丝喜悦吗?等等,这些我们都无法证明。

"我们认为,只有人类才能做到不管处在何种境遇都能追忆过去。一切动植物都有某种形式的记忆,唯有这样它们才能够适应环境。学会规避危险,记住如何保护食物和伴侣,这都有利于它们的生存。很明显,这是所有生物的进化优势,即使是寿命极短的生物也有记忆,而不只是活在当下。人类的特别之处在于:既能看到过去,又能预见未来。

能够预见未来可能是记忆给予我们人类的额外馈赠。"黑森强调。

他还认为,人类之所以能进化出拥有高级记忆的大脑,还与我们的社会群体有关。"社会性动物比非社会性动物有更大的脑容量、更多的记忆。"举个例子:虽然从某种意义上说,所有的蝙蝠都是群居动物,但吸血蝠的群居特性尤为突出。它们群居;如果没有新鲜的血液,它们通常活不过三天。研究人员发现,吸血蝠会为其他蝙蝠(甚至是异族蝙蝠)输送血液,互相帮助,共同存活下去,这是一种相当具有同情心的做法。吸血蝠个体之间有一种非常类似于人与人之间的互惠关系,就像友情那样。

"很多人认为,人类之所以拥有很好的记忆力,是因为人是社会动物,人类社会有多种等级制度且互相帮助。所以,同情与厌恶一样,都依赖于记忆。一个人活得越久,就越需要记住复杂的社会结构。"黑森说道。

活得越久的动物记得越多。实际上,那些寿命长的动物确实能记得更多东西,大象就是一个例子。

关于大象拥有强大记忆力的趣闻有很多。1999年,田纳西州霍恩华德大象保护区的饲养员把他们的大象珍妮(Jenny)介绍给一头名叫雪莉(Shirley)的新大象。珍妮一见到雪莉就变得异常激动,雪莉似乎对珍妮也有着超乎寻常的关注,这两只大象表现得似曾相识。调查发现,这两头大象20多年前曾在巡回演出的卡森和巴恩斯马戏团里一起表演过一小段时间。据黑森所说,对大象进行长期追踪的研究人员发现,象群的繁衍生息高度依赖于良好的记忆力。象群中的母象必须足够年长,以确保有充足的经验来保护象群的安全。在干旱季节需要寻找水源时,或者在遇到火灾必须尽快寻找安全地带时,年轻的领导者可能会因为经验不足而犯下致命的错误。

大象雪莉和珍妮表现出的似乎是对彼此的情感记忆,**正如我们人**

类那样。但记忆也可能远没有那样复杂,也并非那样深刻。有些动物有一种对时间和地点的本能反应或记忆。例如,不管天气如何,海雀每年都会在相同的日期回到挪威西海岸;美洲和欧洲的鳗鱼会一直游到马尾藻海产卵;黑脉金斑蝶每年繁衍好几代,其中只有一代寿命足够长,可以迁徙到南方再飞回原栖息地。新一代的黑脉金斑蝶不可能记得它们的曾曾祖父母来自哪里,却知道如何飞到南方特定的越冬地。这究竟是记忆还是本能?本能会不会与某个特定的地理位置或日期有关?

"当鲑鱼试图回到产卵地时,它们会使用自己的嗅觉,而大多数动物的嗅觉与记忆密切相关。但动物的记忆对我们来说仍然是一个谜,比如鳗鱼的记忆就是如此。"黑森说。

在我们人类的大脑中,嗅球位于海马附近,这提示嗅觉可能是与记忆联系最紧密的感觉。但这并不意味着其他感觉就不重要。普鲁斯特在品尝了蘸着茶的玛德琳饼干后,写出了他的七卷本小说。对于许多人来说,声音、音乐与强烈的记忆有关。现在请想一想,广告里的顺口溜是否在你脑海中挥之不去?是不是有很多曲调熟谙于心?

鸣禽是拥有很好记忆力的鸟类。就像我们人类一样,它们必须学习曲调,而这不是天生就会的。把一只鸣禽放在别的鸣禽巢里,它就会学错曲调:放在大山雀窝里的青山雀,学会的就是大山雀的曲调。鸣禽的叫声既有"方言"也有其他变体。比如,斑姬鹟就会根据目标对象("妻子"或"情妇")来改变曲调。正是鸟类的大脑使得它们的记忆令人印象如此深刻。鸟类大脑内部有多个"音乐"中心,其中一个是高级发音控制中心,它每年春天时出现,秋天又几乎完全消失。

奥斯陆大学鸟类学家兰珀(Helene Lampe)告诉我们:"我们不知道为什么会这样,因为即使没有高级发音控制中心,鸟类也能记住它们学过的曲调。"关于鸟类大脑中的这个区域,还有许多未解之谜等待科学家去研究。雌鸟通常没有特别发达的高级发音控制中心,但它们仍然会歌唱。人们认为,它们拥有这种能力是为了识别和记住竞争对手。不过,对于斑姬鹟来说,雌鸟的这种能力就不太行。所以,雌鸟在巢里看家,雄鸟出去"乱搞"。

兰珀说:"关于鸣禽,有个谜题仍然没有解开:我们不知道它们的歌曲实际上储存在大脑的哪里。不过最近的研究表明,大脑听觉中心可能储存了一些东西。"

许多鸟类的记忆力好得惊人:候鸟记得要去哪里,鹦鹉和乌鸦能够学会人类的语言,而藏匿食物的松鸦能够找到它们储藏的坚果。

"囤积食物需要良好的情景记忆,也就是说,松鸦要对埋藏坚果的行为保持清晰的记忆,记住这段经历,以后才可能找到食物。"兰珀说。这就是记忆研究领域的一个重要争论点:人类的情景记忆有多独特,我们能找到鸟类和其他动物也具有情景记忆能力的证据吗?科学家尚未给出定论。

我们以为我们的记忆方式是理所当然的。人类,或者说哺乳动物,通过长时程增强将各种经验联系在一起,创造出巨大的记忆网络,并由海马保存起来,这可能只是记忆的方式之一。大自然有丰富的选择,没有海马的动物也有记忆,甚至单细胞动物(如黏菌)也表现出有记忆的迹象。在一项研究中,研究人员有规律地将黏菌暴露在潮湿或干旱的环境中,并观察其反应。一段时间后,研究人员不再以这种方式刺激它们。但是,在停止刺激后相当长的一段时间内,这些黏菌表现出与处于刺激期时相同的行为,它们甚至找到了通过简单迷宫的捷径!黏菌把黏液留在途经之处,这样它们就不会反复进入相同的地方,而是探索新的路径。它们携带着单细胞的记忆,穿过迷宫,全然不知进化早已从它们身边略过。

黏菌、水母、鸣禽、鳗鱼、黑脉金斑蝶、吸血蝠、海雀和大象,它们分别代表着不同的记忆奥秘。哪些动物有记忆？哪些动物只有本能？但无论是记忆还是本能，它们都向我们表明，自然界有许多方法来满足生物保存信息以备将来使用的需求。人类的记忆也许是最宏伟壮观、最纷繁复杂的。有没有哪种动物，不仅能记住自己的生活片段，还能记住数千代前祖先的生活片段，并把这些记忆记录下来，以供后辈阅读和记忆呢？

我们的记忆有足够多的奥秘让我们为之不停探寻。以亨利·莫莱森为例，他对记忆研究作出了许多贡献。没有了海马的他，如何记得手术前的生活经历呢？正如我们所知，当我们读取记忆时，它们就出现在海马，它们会在马圭尔的功能磁共振成像仪的屏幕上"亮"起来，形成不同的图案。既然海马把记忆组装起来，亨利又没有海马，那他是如何回忆起任何东西呢？这是记忆研究者争论至今的问题，这场争论与海马在记忆中的作用之争一样，十分激烈。

亨利手术前的记忆在海马的帮助下，以正常的方式储存了起来。随着记忆痕迹与经历反复联系，他的记忆也得以巩固。术后，他大脑皮层的突触联系得到了加强，强到足以在没有海马的帮助下依然可以正常工作。这种突触联系加强的过程可能需要很多年才能完成，这就是亨利在手术前三年内的"新鲜"记忆没有被保留下来的原因：这段时期的记忆依赖于海马，而且极不稳定。在相当长的一段时间里，人们认为这就是非常合理的解释。也就是说，当我们回忆远期的记忆时，海马的作用一点也不重要。但是后来，马圭尔等研究人员开始注意到，当我们读取一段记忆时，海马也会参与其中。

虽然他们没有质疑亨利记忆的真实性，但他们指出，一段记忆不仅仅是这段记忆本身。一段记忆可能会变成一个故事，这个故事包含着曾经发生过的事实，就像一段轶事那样。另外，记忆也可以是完全不同的东西，可以说是一种经历的再创造，充满了感官经历、情节和情感如何在时空上推进的细节。亨利的记忆更像是第一种，类似书本知识或简单的故事，即语义记忆。他很少对自己的童年作特别详细的描述。通常，故事以"我过去……"开头，接着是关于他在哪里上学、在哪里度假、他的家人是谁这类事实。他对于自己早年的经历描述得像一本相当枯燥死板的百科全书。据推测，他无法想起那些生动、有趣、带有情感的记忆。在认识亨利多年以后，研究人员苏珊娜·科金确信，亨利缺乏情景记忆那样的具有鲜明特征的记忆。

回到吉尔特潜水中心，我们把潜水员分成两组，并将其从1到10编号。潜水员们要完成他们的第一个记忆测试，也就是我们用来作比较的测试：测试他们在正常状态下的记忆力。很明显，这些大块头面对我们为他们提供的记忆25个简单单词的任务紧张不已，不仅是因为这项测试的难度很高。他们要先盯着单词表看两分钟，然后出去走一走，再回到桌子边写下他们所记住的单词。由于身着大部分的潜水装置，他们可能会比平时更热，出汗更多。潜水员们能够正确记住6—17个单词，这是完全正常的结果。

那天在峡湾边，当第一批潜水员下水时，雨水打着我们的皮肤，像针扎一样。要是我们什么都发现不了呢？要是这些潜水员的努力都是徒劳的，不能证明任何关于记忆和情景的东西呢？

当然，我们不可能通过周围环境来帮助我们记住所有的事情。戈登和巴德利也指出这是不合情理的。在1689年出版的《关于人类理解力的研究》(*An Essay Concerning Human Understanding*)中，哲学家洛克(John Locke)描述了一个人在放有一只大箱子的房间里学习跳舞的故事，他能跳出非常优雅的舞步，但前提是箱子要在那儿。如果在没有箱子的房间里，他就处于非常无助的状态，没法跳出优美的舞蹈。这听起来很奇怪,好在这只是一个故事而已,似乎不是真的。不过,它强调了场景依赖记忆的概念。戈登和巴德利的观点是,我们的记忆在**一定程度**上依赖于场景。这在某些情况下是有用的吗?我们是不是应该为通过考试而到未来的考试场地去拼命死记硬背?或者说,我们是不是应该一直待在同一间公寓里直到老死,以防止丢失对这里的记忆?

幸运的是,即使我们身处不同的环境,我们还是能够回忆起曾经发生的事情。吉尔特潜水中心的潜水员们虽然已经安全上岸,但还能讲述他们在水里的惊人经历。

我们的记忆网络——或者说记忆渔网——受益于环境,但这并非局限于物理环境。当我们学习到一些真正有意义的东西,并努力去理解它们的时候,我们为自己创造出最强大的记忆网络。对某一特定专业领域(例如,潜水)充满热情的人,比其他对此从来不感兴趣的人更容易学会相关的新知识,这是因为他已经拥有一个庞大的内存网络——这个内存网络专门用来存储他感兴趣的新知识,同时也因为他有强大的学习动力。似乎因为他对这个领域颇感兴趣,就可以在已有的记忆网络的基础上,添加一层记忆网,毕竟记忆也有私心!记忆与你关心的事、你的感受、你的**需求**有密切的关联。遗憾的是,在我们实际需要记住的东西里,太多是没意思的!

最近,有人尝试用其他方式来测试场景依赖的记忆。我们是否记得跳伞时学到的东西?研究人员得出结论,跳伞运动员处于高度应激状态,以至于所有来自场景的影响都被擦除。这也许并非怪事——如果我们体内的肾上腺素水平很高,我们几乎注意不到所处的环境,也就没有场景来支持相关的记忆。更现实的一种研究方式是,研究人员曾测试医学生们在他们最初上课的教室里是否记起更多医学知识。这里说的教室要么是普通的教室,要么是手术室且学生们穿着手术服。实验结果表明,不同的场景对于结果的影响十分小,医学生们可以在远离学习环境的地方很好地操作手术,对于这些学生未来的病人来说可算是一个天大的好消息。

在吉尔特潜水中心的实验中,我们把潜水员分成两组。第一组潜水员被要求在水下记住25个单词,上岸后在陆地上接受记忆测试;第二组潜水员必须在水下学习,并在水下回忆单词。

第一组5名潜水员上岸时溅起水花。上岸后,他们脱下面罩和脚蹼,解除铅制氧气罐,双腿分开,坐在潜水中心墙边的长凳上。

他们的测试结果惨不忍睹。

其中一名潜水员只能记住几个在陆地上第一次测试时用过的单词,而记忆水下单词的得分为零。表现最好的一位也只记住了在水下看到的那张单词列表上的13个单词,比他在陆地上做的第一次测试的成绩糟糕。在潜水中心里做的对照实验中,这些潜水员们的平均成绩是记住8.6个单词,而潜水返岸后的平均成绩是仅仅记住4.4个单词。

其中一名潜水员说:"我以为我在水下的时候记住了这些单词,但当我回到陆地上时,我的想法好像完全改变了,我忘记了它们。"

潜水员们脱去脚蹼,从码头边缘摇摇晃晃地走回潜水中心,从背上取下水罐,抓过一张纸,写下单词。当然,这些动作可能打乱了他们的思路。戈登和巴德利也考虑过这种可能性,并测试了回到陆地后这些繁琐操作是否会影响记忆结果。于是,他们让一组潜水员在陆地上学习单词,然后潜水,再回到陆地回忆;让另一组潜水员在陆地上学习单词,并原地不动,等待相同时间后进行测试。他们发现,潜水组与原地不动组记住的单词一样多。所有关于改变位置的争论都无法解释为什么那些在水中学习的人在陆地上记得更少。

回到我们的实验。在水下深处,第二组潜水员拿出了他们的激光笔和防水记事本,这样他们就能够在水下写字了。他们的呼吸在水面上发出砰砰的响声。在十五六米深的地方,在用塑料覆盖住的纸上书写这25个新单词极具难度。他们在黑暗中围成一圈,每次他们动手写字时,绑在他们胳膊上的手电筒发出的短暂闪光就会穿透水面。与他们在陆地上学习的单词一样,这些单词主要是单音节单词:简短、具体、容易书写。

在潜水中心的对照测试中,第二组潜水员平均记住9.2个单词。但是,当他们试图在水下学习25个单词并在水下记忆它们时,结果会如何?随着气泡越来越大,潜水员慢慢浮出水面。我们这些站在码头上的人早已湿透,手握着淋湿的空纸杯,杯子里的咖啡早已喝完。天气如此糟糕,甚至连海鸥都不愿出门。

不过,潜水员并不着急。他们在水面下几米的地方休息了一会儿,然后才出水。在我们周围,一簇簇积雪躺在一丛丛的烂草丛中。整个冰冷的早晨,我们的兴奋之情一直在积聚,就像我们对热巧克力和干袜子的渴望一样。潜水员对他们的潜水甚是满意,他们自豪地把笔记递给我们。

当我们检查结果时,我们突然意识到,我们成功地重现了20世纪70年代的实验,几乎重现了最细微的细节。潜水员们在水下平均能正确记住8.4个单词,几乎与当天早些时候在陆地上测试的成绩相当。他们克服了重重困难,例如,顶住水下的压力,呼吸混合气体,穿戴着潮湿的面具和潜水服,被呼吸声干扰,被旋转上升的气泡干扰,忍受手电筒闪光扫过海底,忍受视力模糊,操作笔和防水笔记本,等等,最终成功了。在20世纪70年代那个著名实验中,实验结果清楚地表明场景有明显的效果:潜水员在水中记忆单词也在水中进行回忆时,会取得比较好的成绩。实际上,他们在水中学习和回忆的成绩与他们在陆地上学习和回忆的成绩一样好。

在水中时,潜水员认出了之前去过的地方,这些记忆触发了他们对所学知识的记忆,所以这些单词几乎是自动弹出的,就像屏幕上弹出图像一样。

在我们的实验中,卡泰丽娜·卡塔内奥(Caterina Cattaneo)是这批潜水员志愿者的领队。她有近30年的水下经验,曾潜到60米深的海中。对她来说,今天的潜水只是小菜一碟。她说,当她在码头跃身而起,脱下潜水面罩时,感到水温非常舒适。2月的雨洒在她身后的浅滩。

"我从来没在这里见过海马,"她告诉我们,"不过,我在马德拉见过两只。它们小小的,很可爱,在水里上下浮动,尾巴缠绕在海草上。但水流湍急,我很快就离它们远去了。我只能匆匆一瞥。"

第三章

跳伞者的临终记忆：什么是个人记忆

我们家花园、斯旺公园的所有鲜花，

以及维沃纳河上的睡莲，

善良的居民、小巧的民居、教区的教堂，整个康布莱及其周边，

所有的这一切，各自以适当的形式涌现，

鲜花茁壮地成长，吐露着芬芳，突然间与城镇、花园一起，

出现在我的记忆里，

宛如我的茶杯里飘溢出的馨香。

——普鲁斯特，
《追忆似水年华》

多年来，我们的姐姐唐杰（Tonje）一直是个活跃的跳伞运动员。每个周末，她都会前往贾尔斯贝格跳伞，或去美国或波兰，与其他数百名跳伞运动员一起参加大型编队跳伞。看唐杰跳伞对我们来说是一种可怕的经历。在那几分钟里，我们注视着她从空中掉下来，想象着她的葬礼，伴随着鲜花和我们选择的在抬棺材时演奏的音乐。虽然在跳伞运动中很少发生意外，但这些意外无疑是可怕的。你不可能从5000米的高空坠落到地面而不会有危险。所以，每次她着陆时，我们都长吐一口气，这是长时间屏住呼吸后的解脱。唐杰的降落伞是橘红色的，像日落一样。这架色彩鲜艳的巨大降落伞的欢快感，掩盖了可能发生事故的

严峻现实,如果降落伞没展开或突然刮起的一阵风卷走了轻质材料的话。

飞机在高空中嗡嗡作响,你必须大声喊叫别人才能听到你在说什么。2006年7月的一个星期六,唐杰走向一架银色小飞机敞开的大门,这是一架苏联安东诺夫An-28涡轮发动机飞机。她站在门边,相信一切都会好起来,她不可能再想别的,否则她就不会从离地面数千米的飞机上跳下来。通常情况下,你坚持相信结局很好。

现在我们让她站在那里,俯视那片森林茂密、滚滚起伏的景色,浓密的云层把她下方的一切都裹进了灰暗的光线中。气温徘徊在15℃左右,夏天尚未完全到来。我们会让她再站一会儿,她穿着红色跳伞服,身材苗条,眼睛呈深棕色,笑容灿烂……再等几分钟。

如果你只剩下最后几分钟时间来回顾你的生活,你会回忆什么?对生命中重要事件的记忆如珍珠般串成世界上独一无二的专属项链——毕竟你是世界上唯一拥有你的记忆的人,什么样的记忆像项链上最闪亮的珍珠?当你告别生命的时候,什么东西在海马内飘荡?有多少只黑脉金斑蝶在你手上发光?

或者,如果你只被允许选择一个记忆,就像在日本电影《下一站,天国》(After Life)中死者必须选择一个单一的记忆,以一遍又一遍地在天堂重温——记忆中是他们一生中最快乐的时刻,你会想要什么记忆?

也许这就是人们写日记的原因。他们不希望那些神奇的时刻溜走。

当博主艾达·杰克逊(Ida Jackson)通读自己写的东西时,她声称,比之从前,她想起更多关于那些日子的点滴。她看到、闻到、听到发生过的事情。她发现了一些她不记得的细节。从某种意义上说,她是记忆的收藏者。

"感觉这样做,我失去的记忆就少了。我经常想到死亡,所以我想记住一切。"艾达说。2007—2010年,她以笔名文尔娃尔(Virrvarr)撰写了获奖博客"革命"(Revolusjoncert roteloft),这是挪威访问量第三的博客。她把它看作是日记的延伸。自1999年圣诞节以来,她每天都记日记。

12岁的艾达·杰克逊是这样开始她的第一篇日记的:"今天,我在邮箱里收到了这本笔记本,既然我现在的生活一团糟,我不妨用笔留下一些东西。"从那以后,她把自己写进了日记。这是作者、自传作家、哲学家和诗人的悠久传统——从圣奥古斯丁(St. Augustine)到克瑙斯高(Karl Ove Knausgård),他们把自己的生活变成书籍,不管有没有出版。似乎书面语言与我们的记忆愿望密切相关。4000多年前,巴比伦的第一批著作就是刻在陶瓷板上的备忘录、商业票据及天文计算,这些都是为了留给子孙后代。

公元161—180年,罗马皇帝和哲学家奥勒留(Marcus Aurelius)写下了被认为是最早的著名日记《沉思录》(Meditations)。但早在那之前,亚洲游客就有用文字把自己的经历记录下来的习惯。

那么,当我们把事情写下来或不写下来的时候,我们对生活的记忆是什么呢?

心理学教授贝恩特森(Dorthe Berntsen)是丹麦奥胡斯自传体记忆研究中心的负责人,专门研究个人记忆。她告诉我们:"我们记得最清楚的事件发生于从青少年早期到20多岁。"

似乎并非所有的记忆都是平等的,有些是被优先记住的。我们的记忆力在我们的性格形成期(十几岁二十岁出头)达到顶峰,这一现象被称为"记忆高峰"。在我们生命的这一阶段,我们的许多经历都是新的、令人吃惊的。有很多"第一次"会伴随我们一生。贝恩特森的研究显示,中年人回忆他们最喜爱的记忆时,通常会提到他们这一时期的一些事情。令人惊讶的是,心理学研究领域对此没有任何争议。

但如果像艾达·杰克逊那样记日记,会有帮助吗?

"是的,这确实有帮助,但这可能意味着我们用书面故事来代替我们的记忆。"贝恩特森说。

还有什么能让记忆持续?事实证明,多种因素决定了一段经历能否成为我们的记忆。

其中之一就是经历的情感影响。激动人心的事件会激起强烈的情绪,我们会记得特别牢。例如,从5000米的高空呼啸着飞向地面,或是期待已久的初吻。记忆能否持久的另一个重要因素是,记忆的事件与我们的预期偏差有多明显。

很多记忆与我们其他经历相似,很难把它们区分开来——回忆这些记忆并不能让我们记起特定的具体事情。就像我们每次乘公共汽车去上班,在"乘车上班"的标题下,我们对这些经历有了一个累积的记忆。或者,在海滩上度过的所有时光,均被整合到"海滩上的日光浴"这一标题下:我们眯着眼睛看向太阳,夏日的微风拂面而来。这不是一个单一的事件,而是发生过很多次的事件,每一次,我们都浸透了夏日的温暖,希望这一刻能永远延续下去。卡泰丽娜·卡塔内奥在第73次潜水的时候,她的记忆又增加了一份:潜入黑暗的水里的感觉,浮上水面的泡沫,以及她之前72次潜水时在水池中的动作。所有这些都成为"潜水""奥斯陆峡湾潜水"或"冬季潜水"的综合记忆的一部分。然而,更激动人心的事件仍然是独立的、独特的记忆,就像卡泰丽娜第一次看到稀有的海蛞蝓,或者在马德拉看到海马。

奥斯陆大学心理学家菲耶尔(Anders Fjell)指出:"大脑在记忆方面有两个相互冲突的原则,它一方面试图分类和吸收尽可能多的经验以节约空间,另一方面海马则努力保留独特的记忆。"

海马的作用是注意和挑选那些与众不同的事件、经历,它们的独特性创造了记忆的痕迹,像项链中闪亮的珍珠。

就像我们遇到的所有信息一样,我们越是反复思考和谈论一个独特的事件,它就越是在记忆中根深蒂固。我们在午餐桌上、聚会上或脸书上分享的关于我们生活的所有小故事,都能留下美好的回忆。矛盾之处在于,这些记忆在我们的脑海里变成了故事,而不是生活经验。

贝恩特森的研究中心位于丹麦奥胡斯市。在那里,在阿罗斯奥胡斯艺术博物馆的顶部,你可以欣赏到世界上其他任何地方都无法比拟的美景。在屋顶上,艺术家埃利亚松(Olafur Eliasson)设计了一个圆形的玻璃隧道,里面有彩虹的各种颜色。无论往哪个方向看,你都能看到尖塔和低矮的石头穹顶,它们可以追溯到17世纪,颜色有构成彩虹的红、橙、黄、绿、蓝、靛和紫,看到的颜色取决于你站的位置。就像奥胡斯市在这里被渲染成多种美丽的色调一样,我们的记忆也可以透过一个"过滤器"看到,这个"过滤器"就是我们的情感。

记忆的命运主要取决于它对我们的意义有多大。个人记忆对我们很重要,这些记忆与我们的希望、我们的价值观、我们的身份联系在一起,它们对我们的生活有重要意义,在我们的脑海占据主导地位。

人格和身份可以在没有记忆的情况下保持。即使是没有记忆的亨利·莫莱森,显然也有**自我**意识。他知道自己是谁,尽管他不记得自己是如何成为"莫莱森"的整个故事。我们是谁,在一定程度上受我们的性格和习惯等因素的影响,以及我们如何面对这个世界及所有挑战。但是,我们个人自传中的核心记忆定义了我们。即使我们不像克瑙斯高那样写6卷关于我们自己的书,我们也都带着一本存储在记忆中的自传走来走去。这不仅仅是我们经历的一系列随机事件,我们的记忆是按照我们自己的生活故事来组织的,我们都是作家。

"在记忆研究中,我们称之为**生活剧本**。"贝恩特森说,"这是人生应该如何展开的剧本,它构建了我们的经历。"

如果你问孩子们长大后想做什么,他们可能会回答做警官、消防员、医生,或者是作家、心理学家、跳伞运动员。换句话说,他们知道成年人的生活包括工作,甚至婚姻和孩子。在我们开始上学之前,我们就知道生活是有方向的。我们的人生剧本包含了对正常生活的期望,比如开始上学、拿到驾照、毕业、开始职业生涯、结婚、为人父母、退休。渐渐地,随着生活的发展,我们调整期望,我们的生活剧本通过提供生活手册中可供浏览的章节,如"学校""婚姻""工作""跳伞"等,以帮助我们访问我们的记忆。当我们激活生活剧本的一部分时,也激活了它所属网络中的所有相关概念,例如,在我们的潜水实验中,气泡、鳍状肢和海藻触发了潜水员的海底记忆。当某件事让我们想起学生时代,我们就会在精神上回到学生食堂,这样我们就有可能回忆起那段时间的许多经历,尤其是充满情感的记忆——那些引人注目的、我们经常思考和讨论的记忆。

贝恩特森强调:"我们做不到漫无目的地记住我们在生活中做过的每一件事。"生活剧本让我们对生活有一个大致的了解,它分割了我们的记忆。如果在错误的章节中寻找,我们将不会找到正在搜寻的记忆。因此,我们生命历史的某些部分并不总是能即时记起。当我们进入生活的新篇章,我们需要付出更多的努力来回忆之前的篇章。

走出我们的生活剧本是要付出代价的,宇航员奥尔德林(Buzz Aldrin)对此深有体会。他是历史上第二个登上月球的人,这一事件使他的生活发生了翻天覆地的变化。他的个人记忆至少可以说是非凡的。能抬头望着月亮追忆往事的人并不多!在他的回忆录中,他生动地描述了他对月球的记忆:

"在每个方向上,我都能看到灰白色的月球的详细特征,那里有成千上万个小撞击坑,岩石的种类和形状各异。我看到地平线在2500米外弯曲。没有大气层,所以月球上没有薄雾,视线非常清晰。"

当奥尔德林即将踏上月球时,他花了点时间来获取美丽景色给他留下的印象:"我慢慢地让我的眼睛沉浸在不同寻常的月球的壮丽之中,它在严酷和单色的色调中确实很美。这是一种不同的美,我从未见过。**壮丽的**,我想,然后说,'壮丽的荒凉'。"这个描述成了他2009年出版的关于登月的书的标题——《壮丽的荒凉——从月球回家的长途旅行》(*Magnificent Desolation: The Long Journey Home from the Moon*)。

早在奥尔德林开始接受训练成为一名宇航员时,他就把目光投向了月球,他所做的一切都成了包括登月在内的新生活剧本的一部分。他的人生剧本包含了他在空军服役和学习成为一名工程师的早期章节,这自然成为他个人传奇故事的入门章节。但是,作为美国国家航空航天局的代表——以及可能成为美国冷战身份的重要组成部分——并不是最初剧本的一部分。奥尔德林通过饮酒来缓解在聚光灯下的压力。在描述他对登月的记忆时,他讲述了他对第一杯威士忌的记忆,以及那杯威士忌带给他的平静。酗酒远没有到月球旅行那么英勇,他摆脱酗酒却同样勇敢,而后者,没有剧本。

"在月球上感觉怎么样?"

奥尔德林已经几千次被问到这个问题。人们会认为这是世界上最好的开场白,但对奥尔德林来说,这就像破唱片一样熟悉,他不会再回答这个问题了。

他写道:"我希望美国航空航天局能把一位诗人、歌手或记者送入太空,他们能够捕捉这段经历的情感,并与全世界分享。"尽管如此,如果能找出他在月球上的记忆是如何影响他之后多年的生活,那将是一件非常有趣的事情。这些记忆是他有意识地回忆并享受的吗?他会再次体验到"老鹰号"降落在月球表面之前的兴奋吗?在他的日常生活中,关于月亮的记忆会自然地出现吗?他会梦到在月球上行走吗?

心理学教授贝恩特森还对自发记忆进行了研究。这些记忆不需要我们有意识地去寻找,它们就会自己出现。但是,如何捕捉一个人此刻的记忆呢?贝恩特森感兴趣的是那些没有做出非凡成就的普通人的一般记忆。为了研究自发记忆，她给实验对象一个计时器和一本记事本，让他们在进行日常活动时随身携带。当警报响起时，她让他们写下任何出现在脑海中的记忆。她发现人们经常记得的是他们所处的环境使他们想起的事情。自发的记忆与猫看到曾夹住它尾巴的柜门就会跳起来的记忆没什么不同。然而，对人们来说，这种联系要复杂得多。环境中充满了可能触发模糊记忆的潜在线索。我们看到的、闻到的、尝到的、谈论的、听到的，尤其是音乐，都是进入记忆的途径。

贝恩特森告诉我们："音乐常常被认为是个人记忆的触发因素。"

当她的实验对象分享他们一天中所拥有的记忆，以及这些记忆闪现的时刻时，他们会将收音机里的音乐作为特定记忆的典型线索。

播放你年轻时喜欢听的音乐，看看是否会仿佛突然回到你第一次听到它的地方。这种感觉和情绪会变得如此强烈，以至于你突然想起家里的气味和颜色、衣服和细节，以及你以为已经忘记的事情。

"天花板上的喇叭里传出轻柔的音乐，那是一支管弦乐队演奏的披头士乐队的《挪威的森林》。这首歌的旋律总是让我不寒而栗，但这次对我的冲击比以往任何时候都大。"村上春树（Haruki Murakami）的《挪威的森林》（*Norwegian Wood*）是这样开头的。

这本书是一个怀旧的爱情故事，从披头士乐队同名歌曲中编织出具有象征意义的故事，书的开头描述了音乐能唤起我们的强烈记忆，整个风景和故事都可以在我们的意识中不假思索地出现。

众所周知，音乐是一种强有力的记忆线索，它能如此直接地表达我们的情感。但是气味呢？嗅觉使我们能够感知气味，嗅球位于海马附近。我们有时可能会忘记它，但人类是动物，动物依靠嗅觉来避免危险。那么，为什么嗅觉不是打开我们个人记忆的最好钥匙呢？但是，气味的确是一个重要的线索。贝恩特森的研究表明，嗅觉在我们的生命早期尤其重要。也许这与童年记忆同我们后来对自我故事的解释关联较少有关,与童年记忆为更直接、更感性的嗅觉留有更多的空间有关。或者,也许是因为,我们童年时闻到的气味不是我们每天都会遇到的。当我们闻到了童年的气息,就是对独特记忆痕迹的一个强有力触发。因为在距上一次闻到它的几年里,它并没有被淡化;它是一个时间胶囊,只需要一瞬间就能让我们回到过去。想想看,你还记得起童年时家里的味道吗?

在普鲁斯特《追忆似水年华》一书中,当他把一块玛德琳饼干泡在淡茶里的时候,一个记忆的世界开启了,味觉和嗅觉就像进入童年时代的大门。

"显然,普鲁斯特的记忆之旅并不是从他吃马德琳开始的——这是一种令人失望的无味饼干,好吃但不那么诱人。普鲁斯特当时正在吃吐司,但写作过程中他用玛德琳饼干代替了吐司。一件艺术作品不仅仅是记忆,它还赋予记忆一种形式。"乌尔曼(Linn Ullmann)说,她在小说《喧嚣》(Unquiet)中探索了她的童年记忆,以及她与父亲,那位世界著名导演伯格曼(Ingmar Bergman)的关系。

通往她记忆的道路是一条曲折的自由联想之路,而不是人们在撰写授权传记时可能会选择的建逻辑档案方法,但她的方法是最能反映记忆运作方式的方法。生命历程可以遵循历史学家严格的逻辑,像追逐一只白兔的过程一样轻松地展开。因此,乌尔曼的时间并没有花在搜寻父亲信件和文件的综合档案上,而是跟随她的情绪,沉浸在艺术、音乐和舞蹈中,让自己处于适合写作的状态。

"书写记忆是一项艰苦的工作,它不仅仅是抄写记忆。"她告诉我们,"我以前认为我不记得任何特别的、关于我童年的事情,但当我开始写作,我可以想象出完整的情节。"乌尔曼在书中描述的记忆是可塑的,它们不是静态的档案,而是保存着她所经历的事物的完美表现。因为记忆有很多种形式,我们可以用不同的方式来处理它们。

"就像编舞家坎宁安（Merce Cunningham）一样，我在思考当我们的眼睛跟随身体从舞台中央运动到外缘时会发生什么。"她说，"当我写作时，一个小动作可能突然变得重要，而一些大动作可能变得无关紧要。"

在书中，她描述了如何庆祝圣诞节，这也是她与父亲共度的唯一一个圣诞节。她刚刚离婚，而父亲是位新鳏夫。他们穿过雪地，从他的小公寓来到斯德哥尔摩的海德维格·埃莱奥诺拉教堂。雪在他们面前和教堂尖顶周围旋转。她描述了在很长一段时间里，她认为父亲需要她是因为他不想一个人过圣诞节。随着时间的推移，她对那个夜晚的理解改变了。父亲总是独自庆祝圣诞节，事实上，他更喜欢这样。这次圣诞节，是她需要他。记忆会自我反转，变成另一段记忆。

"我不记得雪是不是真的那样下。在乔伊斯（James Joyce）的《死者》（The Dead）一书的结尾，他描述了我所说的那种下雪的天气。我不知道是不是我把他描述的下雪天写进了我的故事。然而，这并不重要，我读过的东西和我经历过的东西混合在了一起，我并不是在写一个传记式的真实故事。"她告诉我们。

为什么那么多的作者要依靠自己的记忆？也许，作者可以教我们一些关于记忆的东西？

"记忆是一种基本的生存工具。我们用它来讲述关于'我们是谁'的故事，我们**就是**我们自己的故事。我们的爱情故事帮助我们建立浪漫关系。在生日和周年纪念日，人们对我们所做的事情发表演讲。我们以文化故事的形式，在个人层面、国家层面和国际层面讲述自己和彼此的故事。但是，我们的记忆实际上是支离破碎的、特别的、创造性的！记忆是一种既能创造又能保存的力量，因为它既能写新故事，又能把我们的生活维持在一个小小的时间胶囊里。对我来说，作为一个作家，它是一个令人兴奋但又不可靠的工具，因为我经常记错。"她说。

乌尔曼所做的与我们所有人每时每刻都在做的事情并没有什么不

同。我们编造、构造和改造事物，突然之间，我们的记忆就包括了我们从未真正经历过的事情——只是读过、见过或听过的事情。就像乔伊斯对雪的描述一样，它将自己编入了海德维格·埃莱奥诺拉教堂的故事中。记忆**是**不可靠的！

"如果我让我们出现在一本书里，就像我们不曾属于其他任何地方，我想看看会发生什么。对我来说是这样的：我什么都不记得，但后来我看到了乔治亚·奥基夫（Georgia O'Keeffe）的照片，这让我想起了我的父亲，我开始回忆起来了。我写道，'我想起来了'，但我为自己忘却了很多而感到不安。我有一些信件，一些照片，一些零散的纸屑，但是我说不清为什么我要保留这些纸屑而不是其他东西，我有6段与父亲的对话录音，但是当我们采访的时候，他已经老了，他已经忘记了他自己与我们共同的经历。我记得发生了什么，我**认为**我记得发生了什么事，但有些事可能是编造的。我回忆那些讲过一遍又一遍的故事以及那些只讲过一次的故事，有时我在听，有时候我心不在焉，我把所有的碎片放在一起，让它们互相碰撞，试图找到一个方向。"乌尔曼在《喧嚣》中写道，这几乎是一份关于记忆方法学的研究报告。

与自传相比，关于自传体小说到底是什么已经争论了很长一段时间，这种争论早在克瑙斯高撰写《我的奋斗》(*My Struggle*)之前就已开始。但是，自传与自传体小说的原始材料都是记忆。在自传体小说中，记忆战胜了资料，个人经历比客观事实更有价值。记忆，连同它所有的创造性误解，都是最重要的。

乌尔曼说："我发现，记忆并不是一只锁着的箱子，里面装的并非全是真实的记忆。记忆是一个创造性的海绵，它吸收周围的一切，然后自我更新。"

乌尔曼的著作是对"构建性记忆"(constructive memory)这一难题的探索。她所记得的事实是什么？当她父亲还活着的时候，他和她谈起巴赫（Bach）的大提琴组曲，并形容其中的萨拉班德乐章就像两个人之间痛苦的舞蹈。乌尔曼写书的灵感来自他们关于巴赫的对话。这本书共有6个部分，就像巴赫的大提琴无伴奏组曲第五号的6个部分一样。

乌尔曼在她的书中写道："要**形成记忆**，就要一次又一次地环顾四周，每次都同样惊讶。"她可能没意识到她是从科学的角度来看的。我们的个人记忆总是在重塑自己，新的细节一直在增加。她说，把自己的记忆变成小说既需要艺术性，也需要努力。"没有什么比听刚睡醒的人给你讲一个梦更无聊的了，它只对讲述它的人有意义。梦是一种有趣的经历，但它不是艺术。"她说，"正是这种结构使它变得更具特色。"记忆也需要有意识地阐述才能成为文学。当她以事实和艺术的方式重新构建记忆时，她所认为的记忆片段可能已经变成了几页内容，书的标题《喧嚣》很可能暗示了记忆的本质。记忆不是静止的，不是权威的，也不像山一样坚实。它们是扩散的，它们四处游动，它们相互碰撞，就像海马在海草中不安地跳舞。记忆是构建性的，它收集经验的片段，并建立一个框架，一个关于所发生事情的故事。曾经，我们记忆正新鲜，但我们的感官、注意力、判读能力和记忆并没有把一切都聚焦到最小细节。不过，当记忆被找回时，它似乎完好无损。记忆本身成为意识的一个新时刻，尽管它来自一个平行的现实。但在我们的感知之外，每一个记忆背后都隐藏着辛勤的工作和艺术的努力。

乌尔曼和伯格曼之间的谈话记录提供了一种对真实的幻觉。记录准确地代表了所说的话，蚀刻在数字存储器中。但是，相比于她在书中描述的构成记忆一部分的思想、感情和经历，它们真的更真实吗？你在照片墙和脸书的账户讲述的是你真实的生活，还是你大脑颞叶不可靠记忆的宝藏？

我们在第一章提到的早期心理学家威廉·詹姆斯，他在19世纪末的美国算是大名鼎鼎的人物。他认为，记忆是我们看到和听到的东西

(我们称之为A)与我们储存和检索的东西(我们称之为B)之间的关系。他解释记忆的方式几乎就像写一个计算公式,有严格的逻辑。但是,他漏掉了公式的一部分,即计算我们的记忆是如何经大脑的时间机器,不断地被重新创造出来的。威廉的弟弟、著名作家亨利·詹姆斯(Henry James),非常崇拜他的哥哥,以至于在威廉逝世后还努力为他撰写传记。结果是,亨利·詹姆斯出版了两卷回忆录。在回顾往事时,他对自己的描述与对兄长的描述一样地多。在这个过程中,他发现了记忆的本质。

他写道:"敲开过去的大门,一言蔽之就是看到它向我敞开,门里面的世界开始围绕着最初的图像,给自己增光添彩,个中人物自我生动化、持久化。"这与乌尔曼在《喧嚣》中对自己和记忆的关系的描述并无不同。

当威廉·詹姆斯用一种严格的、机械的方式描述记忆时,他的弟弟亨利则设法在文学作品中把记忆描述得更好。不过,亨利相信,一个卑微作家对记忆的感知与心理学家对记忆的严格科学分析相比,根本不值一提。然而,用我们现在所理解的方式来描述记忆,前者是一种更为贴切的描述。亨利·詹姆斯所描述的那种**给自己增光添彩**,是大脑在记忆某件事时进行重构的结果,这是一个无意识的创造过程。相对于威廉·詹姆斯,今天的记忆研究者更认同亨利·詹姆斯。亨利并不是唯一一个用自己记忆来描述大脑行为的作家。普鲁斯特1908年开始写他长达4000页的小说时,他把写作建立在"构建性记忆"的基础上。普鲁斯特的小说源于他的自由记忆,他对过去时光的突然回忆。他一生中最伟大的作品并不是作为一个传统故事来展开的,而是随着记忆的出现一点一点地膨胀起来的。基于记忆的写作就是把记忆的过程转化为文字,创造性写作与大脑过程之间的界线是模糊的。作家是记忆最明显的代表,激发了研究者和普通读者对记忆本质的反思。

我们永远不会重温我们现实中曾经有过的经历。但理论上，我们的记忆可以一直伴随着我们，直到我们死去，尽管记忆是扭曲的、美化的、重构的、精心制作的。现今，最主要的记忆理论之一是，大脑海马整合元素，导演形成一段新的回忆。当我们寻找记忆时，海马会找到所有的元素并为我们排列，填补我们所知的世界里任何缺失的细节。当我们回忆一件个人事情时，我们同时也在把这件事情添加到我们的生活故事中，并把它作为情景记忆来加以详细地描述。

在心理学刚起步的阶段，开展记忆研究是很困难的。记忆是主观的，检查记忆被认为是不科学的。尽管如此，第一批心理学研究者还是试图把对心理和行为的研究变成一门科学，就像物理学一样。就像物理学涉及测量等研究一样，记忆也被简化到可以量化的程度，例如进入大脑的一组单词，一旦忘记就从总数中减去。这些研究人员所研究的记忆要最大限度地枯燥和客观，可以说，他们不希望个人记忆混入，以免"弄脏"证据。

个人记忆的不可预测意味着它们阻碍了科学的发展，而科学是理性和可控的。只有在过去的二三十年里，个人记忆才真正被认为是记忆研究者感兴趣的领域，在过去的10年里，这一领域得到了蓬勃发展。

根据贝恩特森的说法，我们可以感谢现代脑成像技术的引入，例如功能磁共振成像，这增加了研究兴趣。

"以前我们认为，如果我们无法证实某个人是否记得某件事，又怎么能确定个人记忆呢？但现在我们可以测量这些记忆，看看大脑内部发生的事情是否反映了受试者以前只能向我们描述的东西。"她说。

通过功能磁共振成像，我们可以**看到**记忆在大脑中的活动，即使这些经历隐藏在记忆者的深层意识，但与记忆相伴的大脑成像图像的"亮起"模式是可以测量的。当人们让一段个人记忆在他们内心的"电影屏幕"上播放时，我们看到大脑的前部和后部以及海马以一种协调的模式同时进行活动。

"功能磁共振技术是记忆研究的完美选择。它可以在没有任何特殊设备的情况下进行,除了用磁共振成像仪扫描之外,受试者进行的是他们非常熟悉的精神活动,没有任何外部影响。"贝恩特森解释道,"我们所要做的只是让受试者找回记忆,也许借助于一个关键词。"

与其他的需要棋盘、电影片段、问卷访谈、潜水员和大猩猩的心理学实验研究不同,功能磁共振成像研究由受试者完成大部分工作。记忆是生活中很正常的一部分,我们不必等太久,就可以让受试者开始记忆。研究人员发现,当受试者被要求思考个人记忆时,被激活的大脑网络与要求人们什么都不要想时被激活的大脑网络非常相似!我们称之为"默认模式网络",而不是"任务依赖网络"——当测试对象被要求积极使用他们的大脑来解决数学问题或倒计数时被激活的网络。在默认模式网络下,记忆很容易冷不防冒出来。毕竟,当被要求不去想任何特别的事情时,谁能真的什么都不想呢?

功能磁共振成像使记忆变得可见和可测量,但这并不意味着大脑扫描是使记忆研究"科学化"的唯一方法。现在是时候对大脑成像研究提出一个小小的警告了:磁共振成像中亮起的某些东西,并不意味着它就是真实的。

如果使用不当,功能磁共振成像甚至能在一条死去的鲑鱼身上显示出共情的迹象。4位美国心理学家将鲑鱼放入磁共振成像仪中,然后"指导"鲑鱼从不同于自身的角度观察几种情况,结果令人吃惊地好。一条"移情"中心被点亮,死鱼的大脑里出现了一个明确无误的红点,但这是由于研究结果的解读方式造成的,不是鲑鱼大脑实际发生的事情。研究人员进行这项研究是为了让其他人了解正确使用功能磁共振成像的一些重要原则,以及功能磁共振成像背后的统计和数学数据可能被误用的方式。这4位科学家获得了搞笑诺贝尔奖,因为他们证明,只要你足够努力地寻找,即使是准备上晚餐菜盘的鱼,也可以表现出共情的迹象。

如果使用正确,大脑成像是一个很好的工具,可以显示记忆在大脑是如何组织的。虽然我们不需要磁共振成像来告诉我们记忆的**存在**,但是了解大脑功能在大脑区域和神经网络的映射,将有助于解开因阿尔茨海默病、癫痫和其他疾病引起的记忆障碍之谜。

个人记忆的研究也可以在**没有**磁共振成像仪的情况下开展。在磁共振图像中看到记忆的迹象与理解记忆的内容是不一样的,这就像看着一张黑胶唱片而不是听着唱片上的音乐一样:理解音轨如何发出声音并不会告诉我们声音本身是什么模样。

最接近的方法是让人们描述他们的记忆。人们体验记忆的方式各不相同,经历对每个人来说又是独一无二的。只有本人才拥有自己的人生历史蓝本。所罗门·谢里谢夫斯基的记忆丰富多彩,与你我的记忆完全不同,因为他有联觉症。我们这些各种感觉没有纠缠在一块儿的人,是无法想象他如何体验世界的。当他向研究人员卢里亚描述自己的回忆时,我们只能相信他说的是实话。

记忆库如何记录事件,这可能是最简单的问题。然而,对所发生事情的描述往往充满着细节上的缺陷和遗漏——对此,我们将在下一章中继续讨论。但是,最难捕捉的是记忆的结构:它们包含了什么样的感官体验,流经它们时的感觉是什么,它们进入生活有多么强烈。我们经常使用问卷调查,让人们对自己的记忆经历进行评分。

我们为什么要把这当成我们的工作?"对个人记忆的研究帮助我们理解抑郁和创伤后应激障碍(PTSD)。"贝恩特森说。

这是研究个人记忆的最有说服力的理由之一。其中一个发现是,抑郁症患者的个人记忆不那么清晰。了解更多的原因可以帮助抑郁症患者更好地保持记忆,这样他们就能从过去的经历中找到快乐。利根川进(Susumu Tonegawa)和他的研究小组进行的一项研究表明,快乐的记忆实际上可以缓解抑郁。在一项涉及小鼠的实验中,他们首先确定小鼠在获得积极体验时哪些神经元被激活。在这个实验中,积极体验是通过与异性小鼠愉快相遇获得的。然后,他们每天把这只可怜的小鼠束缚两小时,连续10天以此方式给它施加应激,直到它相当沮丧。这时,他们拿出了令人惊讶的解药:他们通过"打开"原始积极体验的神经元网络,重新激活了小鼠的积极记忆。经过几天的"治疗",小鼠又恢复了健康:它变得活跃,对周围环境表现出了新的兴趣。相较之下,那些与异性伴侣渡过新的愉快时光的小鼠,消沉状态并没有因此好转。重温记忆比体验现实中美好的事物更有效,这也许证明了快乐记忆是我们内在的抗抑郁药?

我们认为我们的情绪是非理性和不稳定的。它们不遵循逻辑,我们还没来得及给它们命名它们就消失了。它们在我们体内流动,给我们的生活和记忆涂色。在马德拉群岛的海草丛里看到两只海马摇摆的时候,你就会兴奋不已。它们不是专栏、图表和白色的实验服。我们如何在科学框架内迫使情感研究成为可能?多年来,实验室的研究人员一直在试图分离情绪对记忆的影响。这就像用一个装有烧瓶和试管的化学装置,目的是提取最纯粹的情感记忆。

想象一下科学课上老师布置给学生的以下作业:

创造悲伤的回忆

设备:反映自然灾害的电影片段剪辑;感染埃博拉病毒的儿童的葬礼;一些志愿者;关于个人记忆的调查问卷。

步骤:将每位志愿者置于电脑显示器前,播放影片剪辑。追踪观察志愿者脸上的变化,从中立的、也许有点好奇的表情,到嘴角越来越下垂的表情,再到关切地皱眉和越来越湿润的眼睛。

然后给他们调查问卷。

结果：突然对过往产生一种可怕的感觉。重复这种体验，直到达到老师满意的悲伤的回忆次数。

但是，如果我们没有个人记忆，将会发生什么呢？这不是指亨利·莫莱森那样的情形，他不记得手术后发生的任何事情，而是指，如果我们**知道**发生了什么，只是情景不会被回忆、不能被激活、不会出现在脑海中，那将会是一种什么样的局面？对于苏茜·麦金农（Susie McKinnon）来说，记忆剧场正在罢工，或者可能从未真正开放过。她住在华盛顿的奥林匹亚，是世界上第一个诊断出**严重缺失自传体记忆**的人。这意味着她无法从自己的生活中回忆起情景记忆。她知道自己嫁给了埃里克·格林（Eric Green），但无法回忆起他们长期婚姻的细节，也无法在脑海重温那些经历。她甚至想不起20世纪70年代他们是如何在酒吧相遇的，只有她丈夫能详细描述他们的记忆。她知道他们有过很多美妙的旅行，但如果有人问起开曼群岛、牙买加或阿鲁巴群岛，她只能指给他们家里展示的纪念品。不过，她知道身边的人都是谁，而且她在医疗卫生领域工作很成功，还曾是州里的养老金专家。在她的一生中，她一直是出色的员工、妻子和朋友，她的语义记忆没有任何问题。

语义记忆和情景记忆的区别最初是由加拿大研究员塔尔文（Endel Tulving）首先提出的。语义记忆，正如我们所说，是你对自己和世界的了解，这些记忆是关于我们生活的事实，我们觉得我们知道的是真的。而情景记忆是指，当回忆过去，我们**发现自己此刻好像就在经历过去的事情**。我们变出气味、声音和感觉，整个场景在我们的脑海重现。它是我们内在的时间机器，让我们去感觉、去听、去尝、去看那些已不存在的东西。

苏茜·麦金农错过了这一切。然而，在没有明显问题的平凡生活中,她很容易相信每个人都有同样的感受。在接受《赫芬顿邮报》(Huffington Post)采访时,她描述了她第一次接受心理问卷调查的情景。当他们问她童年记忆时,她感到困惑。她相信没有人能记得他们的童年,认为每个人都在做她正在做的事情:编造过去的片段,为谈话增添情趣。直到她读到关于塔尔文的书,她才意识到自己的记忆可能有些特别。

多年来,研究人员对情景记忆缺失者进行了记录与研究,但这些人通常身体或精神有过创伤,这些创伤导致他们的记忆功能失调。但塔尔文预计,像苏茜这样的人终有一天会出现。他认为,世界上可能有许多人没有情景记忆,只是没有被发现,因为他们仍然可以过上充实的生活,拥有鲜明的个性,保住工作和家庭。心理学教授莱文(Brain Levine)对苏茜和其他陷入困境的人进行了研究,发现这种情况比以前所认为的更为普遍。通过一份关于记忆的在线调查问卷,他迄今已经收到2000多份来自加拿大的普通人的回复。"许多人报告说,他们严重缺失自传体记忆,所以我开始觉得这根本不是什么罕见的事。"

"不记得童年的事情是正常的吗?"阿尔内·克瓦尔维克(Arne Schrøder Kvalvik)意识到我们正在撰写一本关于记忆的书时,这样询问我们,"我的意思是,一点儿也不记得!"

阿尔内第一本书《我和我的表妹奥拉——生与死及其一切》(Min fetter Ola og meg: Livet og døden og alt det i mellom)被提名挪威布拉格文学奖,他也是获奖的"120天乐队"成员之一。他是一位受人尊敬的音乐家和作家,也是一位慈爱的父亲。但他有些地方与众不同,和苏茜一样,他不记得自己成长过程中的任何事情。

"渐渐地,我意识到我与众不同,因为人们都在说小时候的事情,而我什么都记不得。"他告诉我们。

他非常清楚他的亲戚是谁,他在哪里上学,他在业余时间做什么。

他只是对那些事情没有任何记忆。他可以告诉你学校的教室在哪里,但仅此而已。他除了那个地点其他什么都不记得。他记不起那是什么味道,记不起他对老师说了什么。他既没有快乐的记忆,也没有悲伤的记忆。他知道曾经与乐队一起在全校同学面前演奏,但他回忆不起站在那里的经历:同学和老师们看着台上的他,年轻而紧张的他。

"我担心我压抑了记忆,因为我经历过一些创伤。但也不是这样!我的记忆力越来越差。10年前发生的事情我还记得,但能记起的不多,尽管我作为一个音乐家周游世界。我曾在日本和美国各地的音乐会上演出。"

他的生活并不缺少那些应该铭刻在他记忆中的独特时刻,但阿尔内不介意他记得这么少。如果我们用成功来衡量一个人,那他拥有一切:他是两个孩子的快乐的父亲,事业辉煌。但在他身后,记忆在逐渐消逝,蒸发成稀薄的空气。父母告诉他,他十几岁的时候就在葡萄牙,但他记忆中没有任何关于他们共同居住的家庭、阳光、大海、巴卡拉或破旧的石头房子的图像。他只记得一件事:一条白裤子。

"例如,我不记得我的初吻,不是因为我喝醉了。但有一件事我记得,那是在我上学的时候:2001年9月11日的恐怖袭击,当年我17岁。"他说,"但我只记得在电视上看到消息的时候我在哪里,别的什么都不记得。"

他不记得他是如何遇到他的爱人的,也不记得他们在浪漫的最初时刻谈论了什么,但他知道他爱她。毕竟,这已经足够了。"我的记忆力这么差,这对我来说不是问题,我不介意。"

我们不知道阿尔内怎么出现这种情况的。我们不知道他是否和苏茜·麦金农属同一情况,苏茜接受过诊断,如果我们可以称之为诊断的话。也许,这只是人们记忆多样性的反映。有些人的记忆非常直观,有些人则不然。与严重缺失自传体记忆相反的是莱文和他的同事们所说的**超常自传体记忆**(也称超忆症)。拥有这种记忆能力的人往往能记住事情发生的确切日期,即使是多年以后他们对过去经历的强烈记忆也不会轻易减弱。

艾达·杰克逊,我们之前认识的博客作者,与阿尔内完全相反。对她来说,记忆力很重要,她想要记住每件事,她的大部分记忆都以令人回味无穷的形象出现,有时过于丰富多彩。

"有时候,我的记忆是如此强烈和不愉快,以至于我感觉身体不适。为了克服这种感觉,我和心理学家交谈,撰写日记和博客文章。写一些关于记忆的东西某种程度上可以消除它的影响,这只是简单地减少大脑储存的内容。通过这种方式,我把记忆从我在内心看到和听到的东西,变成一个一个故事。"她说。

艾达写过的回忆之一是她在学校被霸凌的经历。这篇博客文章被奥斯陆的一家杂志选中,该杂志在文章第一次出现在网上很久之后,在其网站上刊登了这个故事。写下这篇文章6年后,艾达看到它在社交媒体上疯传。

"在互联网上,决定一篇文章是否被分享的不是新闻价值,而是写作的情感力量。写这篇博客文章对我来说很痛苦。我让读者分享了我所有的羞辱。问题是,我的记忆被这个我身为受害者的故事所高度扭曲,而真实情况往往并非如此。真实情况是,我全身气味难闻,在同学面前挖着鼻孔,吃着鼻垢。但这不符合我的故事,所以我没有把它写入博客文章。我不该受到这种可怕的欺凌,但事实上,我是在反抗!当然,要由成年人来制止这种欺凌行为。但要注意的是,当我们根据自己的记忆写故事时,我们往往会抓住最老套的情节。当我看到我的博客文章在社交媒体上走红时,我不得不纠正自己,写一个更真实的故事。"

"我们深受好莱坞电影故事线的影响,我们知道这一点。我们回顾自己的童年,试图找到成年后的影子:那些标志,那些关键事件,那些触发因素……它们让事情变成现在的样子。"临床心理学家克乔斯（Peder Kjøs）说。2016年春天，他作为一个青年治疗师团队的一员，参与挪威电视台一部纪录片的拍摄，并为奥斯陆的一家报纸撰写心理学专栏文章。

在他的治疗实践中，克乔斯帮助人们通过书写他们的生活剧本来重建他们的生活。我们的记忆变成了关于我们自己的故事，有些故事更容易记住，因为它们比其他故事更符合我们的自我形象。在很多方面，心理学家是生活剧本的合著者，或者至少是一个谨慎的编辑。我们都是自己生活故事的作者。

"我们倾向于在生活中寻找某种戏剧性的结构。既然我们不能在生活中向前滚动，我们就回过头来撰写关于自己的故事。当我们将记忆'倒带'的时候，我们对记忆编导、剪辑、修图。我们可以一边修改剧本，一边找出事情发生的原因。有时候，一方面，求医者希望他们的童年有一个转折点，这样一来，即使他们被忽视，他们也不必责怪父母。另一方面，如果我们有理由过得很好，但生活却不尽如人意，我们就很可能会责怪我们的父母。当然，他们可能做错了什么，或者做得不够好，毕竟没有父母是完美的。这并不意味着人们在童年时期没有不好的经历，但我们常常给一些微不足道的事情赋予重大意义。"

当他的客户过于苛刻地编辑他们的故事时，他们的问题就出现了。我们的记忆是可以重构的，是有弹性的，但如果我们将它扭曲到完全失真，那就是另一回事了。

"不符合事实的叙述是行不通的。然而，在治疗情况下，让客户开始自我叙述是非常重要的。我不知道什么是真的，也无法向他们提出解决办法。"

与那些生活故事主要由不良记忆构成的人打交道，需要治疗师提供一些特别的东西。重要的是，要给客户一种权力感和责任感，不去说发生那些坏事都是他们的错。我们没有权力和责任,无法改变任何事情,我们只是客户自我叙述时的次要人物。

最困难的是改变从一个黑暗时刻到另一个黑暗时刻的生活。如果过去只有痛苦,那我们怎么能想象还会有好事发生?我们怎样才能看到隧道尽头的光明?在19世纪深受欢迎的挪威艺术家希特尔森(Theodor Kittelsen)的画作《索里亚·莫瑞亚》(Soria Moria)中,一位民间传说中的英雄凝视着日出的光辉,这看上去像地平线上的金色城堡:这是海市蜃楼,是阿斯克拉登(Askeladden)漫游的目标。阿斯克拉登的勇气和胆识可能是让他看到在黑暗起伏的山丘之外有一座城堡的原因。对一个沮丧的人来说,即使是山也会视而不见。

这让我们回到郁郁葱葱的森林景观中,我们的姐姐唐杰终于从飞机上跳了下来,她背上绑着降落伞。她的心跳很快,肾上腺素在体内剧烈地游窜,以至于她很难察觉发生了什么。她在自由落体10秒后释放降落伞。与我们可能相信的相反,跳伞最危险的部分仍然在她前面,即着陆时刻。期待已久的飞行感觉让人心力交瘁。她被这一切以及在整个跳跃过程中必须记住的动作压得喘不过气来,她完全忘记了要注意冲向地面。起初,一切看起来像一个抽象的地图,犹如森林和田野的缩影。接着树木越来越近,每一秒都很重要。她要降落的那块地面从下方滑了过去,她正朝着森林飞去。最后,她作出反应,操纵降落伞。只是,有点迟了!

一棵高大的云杉树的顶端是唐杰的归宿。虽然她没有受伤,但在搜救队找到她之前,她在那里晃荡了两个半小时。然而,这种经历并没有阻止她在不久之后再次尝试。直到她被送上飞机,她在一天中的第二次跳伞,她独自进行的第二次跳跃,她才真正有了我们临终时期待的经历:自己的一生在眼前掠过。这些画面原来是如此令人失望!她看到的不是一个个难忘时刻的精彩瞬间,而是一些毫无意义、平淡无奇的童年画面,大多是7岁的她站在家里的草坪上,或是在散步,背着背包,沿着柏油路一直走回我们家的情景。

"那是非常无聊的经历,我不知道为什么会突然出现在脑海里。"唐杰说。第二次跳伞消除了她第一跳时的焦虑。从那以后,她跳了几千次伞,再也没有经历类似的事情。

我们以为,当我们死去的时候,生命中最重要的时刻就会出现在我们面前。这是我们保存这些记忆的原因,不是吗?突然之间,我们即将写下生命故事的最后篇章之时,我们最重要的记忆理应浮现在脑海。我们将清楚地看到生命的全部,看到我们所经历的真正有意义的美好事物。故事的结尾将解释故事的开端,但真实情况是这样的吗?

在奥斯陆峡湾领导我们开展潜水实验的卡泰丽娜·卡塔内奥,曾在水下30分钟不省人事,被定义为医学上的溺死。在一次特别困难的潜水之后,卡泰丽娜在奥斯陆的一家医院醒来。她差点淹死了,那时她只有21岁。被黑暗包围时,她想的最后一件事是,**昨晚聚会上的那个家伙,我为什么不跟他上一次床呢?** 她的重要记忆一个也没有出现,没有重要的启示。她的人生剧本既没有重写,也没有修改,只是一些微不足道的想法,然后就是一片黑色。

阿德里安·普拉孔(Adrian Pracon)在悬崖边想的最后一件事,就是想象着他死去时的场景,颇为具体。他想象着装着他尸体的棺材被放在地上,他的父母哭了,伤心欲绝。他不知这幅图像从何处而来,他并未期望看到它,但他惊讶地发现自己看得那么清晰,那时,一个杀人犯正用枪瞄准他。

阿德里安·普拉孔21岁,是一位年轻的政治家。这是他第一次参加挪威工党的青年团在于特岛夏令营的活动。于特岛是一个湖心小岛,离奥斯陆半小时车程。7月的几天里,来自全国各地大约600名坚定的年轻人聚集在一起,进行紧张的政治工作,晚上唱歌、讨论政治。就连国家总理、外交部部长,以及前总理兼前世界卫生组织总干事布伦特兰(Gro Harlem Brundtland)也在2011年夏天访问过这个夏令营。政治、权力和年轻人沸腾的献身精神,给小岛的夜晚增添了对未来的希望和憧憬。

凶手布雷维克(Anders Behring Breivik)已经准备了很长时间。政府大楼的炸弹炸死了8人,青年营的袭击炸死了69人,这些都是在极其隐秘的情况下精心策划的恐怖事件。当阿德里安·普拉孔想象自己的葬礼时,凶手站在小岛南端的海岸线上,用枪指着他。

恐怖的凶手在那里站了几秒钟,然后放下步枪继续走。阿德里安仍然躲在比较显眼的地方,躺在突出的悬崖边,那地方像一只灰色的手指在水面上伸出。那里视野开阔,没有任何保护措施,岩石上点缀着低矮、光秃的灌木。阿德里安躺在那里,身上套着一件夹克,假装死了。这也许救了他的命,因为恐怖分子回到原地以确认每个人都被射杀了,由于没有意识到阿德里安还活着,恐怖分子没在他身上费心。阿德里安被于特岛枪击事件中的最后一枪击中,子弹射入他的肩膀,70多块弹片留在肌肉组织内,时不时提醒着他生活被永远改变的那一天。

"事情发生后的头几年,情况完全失控。这些记忆完全不由自主地回来,常常是在我感到压力大的时候出现。我越需要头脑清醒,情况就越糟糕。我生命中的三年完全荒废了。"阿德里安说。

他肩膀中枪后幸免于难,但恐怖屠杀之后的生活不一样了。阿德里安原本已经踏上了一个新的激动人心的入口,他感觉自己好像在向未来飞去。他获得了泰勒马克郡工党青年团地区领导人的职位;他有一个男朋友,一条狗,一个住的地方。但在于特岛的噩梦之后,他的生活变成他所经历的恐怖事件的重复。一次又一次,他经历人生中最恐怖的时刻,他从各个角度对事件进行分析,想象着他可能会采取不同的做法,想着子弹进入他的头部、心脏或脊髓(而不是肩膀)所需要的时间是多么短。有时,他会想象自己捡起一块石头,趁布雷维克还没来得及造成更大的伤害之前就把他杀死。有时,他会把注意力集中在自己的罪行上,因为作为地区领导人,招募夏令营参与者的任务就是他负责的。他招募的一个年轻人再也没有回来,他才15岁。

7月22日之后,阿德里安开始酗酒,不间断的睡眠是他再也享受不到的奢侈,先前那个曾经孩子气的腼腆男人变得对清洁极其挑剔。他的行为近乎疯狂。

"我男友当时告诉我,我常常要吃安眠药,然后就打扫整个房子。可我什么也记不得,第二天醒来时发现房子的确很干净。"

在布雷维克被起诉期间,阿德里安开始写一本关于他的经历的书。他从家乡希恩驱车往返于奥斯陆,参加法律听证会并撰写这本书。那是一段非常紧张和激动的时光。一天下午,在和朋友喝了几杯啤酒后,一切都变黑了。阿德里安是在警察给他戴手铐时醒过来的,他不得不亲自上法庭,并因当晚对两名男子施暴而被判社区服务。

"这可吓到我了。我不能再那样喝酒了。如果有人建议喝啤酒,我得先去散散步,看看自己的感觉如何。我必须确定今天过得是否很愉快。"

恐怖分子入狱,被判无期徒刑,阿德里安的记忆也一样。他常常把他的记忆"囚徒"带出来呼吸新鲜空气,在把这些记忆赶回黑暗的囚室之前,带着它们在操场上来回散步。在他醒着的大部分时间里,这些"囚徒"受到严密的监控。若是让它们出去"面试",将导致之后一整天的糟糕。现在,他知道这必定会发生,而他可以相应地做好预案。

"有一段时间,我喝了很多酒,可能是因为我什么都不想记住。我不想记起那些我感觉不舒服的夜晚。我只是想逃走。"

2011年7月22日,国家的创伤日。世界的新现实影响到安全的挪威。挪威与安全、危险的关系永远改变了。恐怖事件也给挪威一个新的记忆里程碑。所有挪威人的记忆都与2011年7月22日联系在一起。强烈的情感与震惊联系在一起,将一段经历死死地粘在我们的记忆里,美国研究人员把这种现象命名为"闪光灯记忆",因为这些经历似乎在时间上冻结了,就像拍了一张照片,闪光灯把原本黑暗的房间里的一切都照得闪闪发光。

在许多心理学教科书中,"挑战者号"航天飞机的爆炸被用作一个可能引起闪光灯记忆的例子,就像2001年9月11日的恐怖袭击一样。在布雷维克之前,挪威没有任何明显的悲剧例子,有的也只是正面的例子。布尔什(Oddvar Brå)折断滑雪杆时你在哪里?挪威滑雪者因为滑雪杆折断差点痛失金牌,这就是许多挪威人的共同记忆,他们分享着这个故事,并一笑置之。而大多数人的记忆是关于1982年世界滑雪锦标赛期间坐在电视前沙发上或站在滑雪道旁观看赛事。

"7月22日你在哪里?"这是一个将我们的个人生活与挪威联系起来的问题。对于那些直接受到影响的人来说,这是另一个故事,对所发生的事情的记忆将伴随他们的余生。挪威暴力和创伤应激研究中心(NKVTS)对幸存者及其家属进行了研究。当如此严重的事件发生时,研究人员和恐怖主义专家有必要介入,这样社会才能从这些事件中吸取教训。但对于NKVTS的研究人员来说,重要的是了解创伤,以便下次发生意外时更好地帮助幸存者。人们总是要经历创伤,世界各地充斥着强奸、袭击、车祸和战争的受害者。与7月22日造成的创伤相比,许多创伤得到的关注要少得多,即使对那些受影响的人们来说,创伤的严重程度并不亚于7月22日的悲剧。怎样才能帮助他们摆脱痛苦记忆的烦扰呢?

布利克斯(Ines Blix)是NKVTS研究这场国家悲剧的人员之一。她跟踪调查了在爆炸现场政府大楼工作的人,通过访谈和问卷调查,了解他们的生活如何受到恐怖主义行为的影响。

"创伤研究有两个传统,一个是关于我们如何产生创伤记忆,另一个是创伤记忆对我们的影响,被称为是'记忆战争'。有些人认为,我们对创伤事件的记忆与对其他事件的记忆截然不同,创伤会导致记忆碎片化、极度压抑和解离性人格障碍。另一些研究人员与我一样,相信创伤性事件像其他情感事件一样,经常被记得很清楚。创伤记忆在很大程度上与记忆的本来面目是一样的,只是其'音量'被调到了一个极端高度,即在通常记忆系统中,'音量'达到指示强度'10'的位置。"

布利克斯的研究表明,人们在创伤事件后报告的最常见的问题是受侵入性的、详细的记忆困扰,这些记忆在事件发生后很长一段时间内反复出现。

我们对侵入性的、非自愿的创伤记忆有所了解已经很长时间了。第一次世界大战后,出现了一种所谓的"炮弹休克"症状。在伍尔夫(Virginia Woolf)的经典作品《达洛维夫人》(Mrs Dalloway)一书中,正是这种症状使得一名年轻士兵从窗户一跃而下,因此身亡。当时,创伤后应激障碍还是一种未知的疾病,人们想知道为什么士兵在没有明显受伤的情况下变得不适合战斗。他们逃避社会,不睡觉,不吃饭,不能照顾自己,经常陷入冷漠的凝视,或表现得惊慌失措、不理智。他们在战争中受到的可怕影响是极端的。在这场分裂欧洲的残酷战争中,数百万人第一次在泥泞的战壕中被机枪扫射。从那以后,创伤心理学的知识增加了。士兵们生病不是因为懒惰或头部受伤。那又是什么呢?

正如我们所指出的,这方面的研究有一个根深蒂固的传统,那就是认为创伤记忆不同于普通记忆。当人们出现人格分裂或其他解离性障碍时,这些都是帮助当事者在危机中掌握自己生活的生存机制。

但是,当我们认识到,令人震惊的画面以及与令人不快的事件相关联的强烈情绪比我们日常生活中所经历的任何事情都更加剧烈地撕裂记忆,我们就得问,创伤记忆是如何发生的呢?创伤以各种可能的方式与记忆联系在一起。创伤性事件具有强烈的情感作用,与我们经历的其他任何事件都不一样,它颠覆着我们对自己和对世界的许多设想。这种创伤不仅难以忘怀,还会突然出现,就像玩偶盒一样,一打开玩偶就弹跳出来。创伤受害者往往无法锁上那只盒子,他们的痛苦记忆在他们的脑海中一遍又一遍地出现。

对7月22日上班的207名政府雇员的问卷调查表明,半数人在一年后仍然对恐怖袭击的记忆挥之不去,四分之一的人受到的影响非常严重,很可能被诊断为创伤后应激障碍。甚至那些当天没有上班的员工也受到了影响,他们常常反反复复地想着受伤同事的遭遇。

创伤后应激障碍随时间的推移逐渐发展。在记忆消退之前,试图回避记忆的努力只会强化它们,使之无法控制。遭受创伤的人会避开所有提醒他们的事情,以免一遍又一遍地重蹈覆辙。这扰乱了他们的日常生活,使他们更难重返工作和学习。不去想那些创伤的事情是极其困难的,说"别去想大象"时会发生什么?大象跺着脚,把东西打翻,你越假装看不见它,它就越占据你大脑的大量空间。

同样,自发而愉快的记忆也不知出自何处。正如贝恩特森在她的研究中发现的那样,无论我们在经历什么,都能让我们想起它们。我们从收音机里听到的音乐使我们回到15岁。我们没有考虑这么多。只有当自发记忆的容量达到极限时,我们才会明白这一点,就像创伤记忆一样。显然,这些记忆就像其他记忆一样,也占据了大脑的空间。有时,记忆会巩固并变成创伤后应激障碍;有时,创伤记忆会消退,变成没有强烈感觉的故事——不再是房间里的大象。

"最大的问题是,为什么有些人会发展成创伤后应激障碍,而另一些人却没有。"布利克斯说,并指出了几种可能的解释。这可能是由于人们处理工作记忆方式不同造成的:他们能在多大程度上过滤掉不想要的信息，他们在控制记忆方面有多灵活。这种基本脑功能的微小变化，通常并不明显，但在极端情况下可能会产生影响，创伤和此后的生活都是如此。人们对记忆的组织方式也可能存在差异，这可能导致创伤记忆在一些人脑中占据的空间比其他人更多。

布利克斯称之为"中心化"。她说："在研究中，我们发现，有些经历者把7月22日事件放在自传的更重要位置，作为他们生活的重要转折点，他们更容易患上创伤后应激障碍。中心化是'7·22'事件发生三年后出现创伤后应激障碍症的预测因素。我们认为，中心化使人更容易获得创伤记忆，它们成为一个参照点。"

这就好比你真的在骑大象。当大象一直跟随着你的时候，你很难不去想它。然后，有一天，你变成了大象。你认同创伤，它成为你的一部分。它已经成为你人生故事的中心。

大脑海马在这里也扮演着重要的角色。多项研究发现，患有创伤后应激障碍的人，其海马的体积比平均值小。每个人回答的问题都很明显："心理创伤对大脑有害吗？"当我们极度害怕的时候，应激反应会触发身体产生高水平的激素皮质醇，大量的皮质醇可能对大脑有害，尤其是对海马有害，海马跟与它同名的动物海马一样脆弱。但是，吉尔伯森（Mark Gilbertson）和他的同事对双胞胎进行的一项独特研究给出了另一个可能的解释。在每对接受研究的双胞胎中，都有一人遭受过心理创伤。他们希望比较有创伤经历和没有创伤经历的同卵双胞胎的海马，因为通常情况下双胞胎拥有非常类似的海马。

令人惊讶的是，吉尔伯森和他的同事发现，双胞胎的海马非常相似，无论是有过创伤还是没有创伤的。"这可能意味着，创伤前海马的大小可能是一个风险因素。"布利克斯说。

为什么**较小**的海马能产生如此强大的记忆，以至于它们几乎能让人失去行动能力？这仍然是一个谜。难道不是相反，一个**更大**的海马可以更容易地重演不好的记忆吗？

我们对海马的大小无能为力。我们无法努力塑造记忆以便更好地适应灾难。但当创伤成为事实时，我们还能做些什么？布利克斯认为，最重要的是，了解正常的大脑反应可以帮助人们更好更快地处理创伤性记忆。

"让人们知道这些有好处：侵入性记忆很常见；对大多数人来说，记忆会随时间的流逝而减弱。"大象在我们知觉意识的房间里跺脚的次数会减少。最终，我们可以控制它并把它引回围栏里。正是对它总是逍遥法外的恐惧，才真正地伤害了我们。

创伤治疗首先也是最重要的，是降低记忆的容量，打破逃避的恶性循环。创伤后应激障碍使我们高度警惕，以发现可能的新危险；我们很容易受到惊吓，睡眠质量也很差。一些研究甚至指出，患创伤后应激障碍之后，人的一般记忆力会变差。如果创伤记忆占据了空间，这可能不是一件奇怪的事。对记忆的恐惧几乎等同于恐惧症。恐惧症使我们产生一种控制自我行动的反应模式。恐惧症是非常难以摆脱的，而逃避所害怕的事情会让人如释重负。

宽慰或解脱是一种奖励。如果我们在感到宽慰和有潜在风险的两件事情之间作选择，我们会更容易地选择前者。例如，当你被提醒外面发生了不好的、令人恐惧的事件，你是选择待在舒适的公寓家里、享受满满的安全感呢，还是为了一时的痛快跑到公寓去外闲逛呢？结果是，我们越来越想待在家里。创伤记忆也是如此，我们知道创伤记忆是可怕的，我们应该避免它们。我们越是避开它们，它们就会越强大。同样的情况也发生在我们害怕黄蜂、鲨鱼、狗、打针的时候。如果我们试图回避它们，我们无疑将继续感到害怕。另一种选择是，面对我们的恐惧。当痛苦如此严重的时候，怎样做才是最好的呢？

布利克斯说："以创伤为中心的认知行为疗法，以及眼动脱敏和重编程（EMDR）是创伤后应激障碍的首选治疗方法。"这不是说要像神风特攻队一样扑向我们害怕的记忆，而是小心翼翼地接近它们，获得越来越多的控制权，使得我们习惯这些记忆，再耗尽它们的力量。

治疗师经常使用放松技术，例如EMDR技术。在EMDR技术中，他们在病人面前来回移动双手。这听起来可能有点奇怪，但当病人谈论回忆时，它给了病人一些外部的东西，把他们的注意力分散在创伤感觉和治疗师奇怪的手部动作上。

在一个理想的世界里，会有一种针对创伤后应激障碍的疫苗。所以，如果我们遇到了可怕的事情，我们可以去看医生，接种疫苗，并立即感到安全，就像打破伤风针一样。牛津大学霍姆斯（Emily Holmes）的研究团队已经尝试使用这种方法。他们相信，在创伤事件发生后的几个小时内玩俄罗斯方块可以大大减少侵入性记忆的发生。他们得出这一结论的方式是给志愿者看一部在实验中极具创伤性的影片，一些志愿者在看影片后开始玩俄罗斯方块，另一些志愿者则自由行动。然后，研究人员所要做的就是等待创伤记忆出现，自主地出现。在这个实验中，玩俄罗斯方块游戏具有明显的保护作用。解释这一结论的出发点是，游戏与创伤相关的强烈视觉记忆在争夺大脑的空间。创伤事件的视觉印象在开始巩固到记忆时仍然是生动的，而玩俄罗斯方块游戏防止我们记忆产生创伤图像。相比之下，他们发现那些玩文字游戏（例如，词汇测验）的人比那些什么都不做的人有更多的创伤记忆回放。语言上的干扰可能使志愿者无法储存他们对看到的东西的解释和评价，但仍然给他们留下了一系列即时的、强烈的视觉印象。

这种疗法在现实世界有效吗？当你的世界被彻底颠覆，你陷入一种完全真实的恐慌状态，而不仅仅是对实验室里的一部电影产生反应，此时拿起智能手机玩俄罗斯方块是否合理，是否有治疗效果？

对我们大多数人来说，更自然的感觉是试着去理解，找到一个语境、一些秩序。经历创伤事件不像看电影,现实中我们的注意力决定了什么进入我们的记忆,什么将被遗忘。但是,我们的注意力也受到可怕的恐惧的影响。我们不能把所有东西都收进去。在经历创伤的过程中,我们通常用来解释和理解新经历的个人世界观正在经受巨大的考验。有些东西打破人们对平和生活的所有期望,例如政府大楼里的炸弹,人们需要额外花很长时间去理解政府大楼炸弹爆炸这一事件。炸弹爆炸的时刻,我们没有时间去理解它,理解将在以后出现,也许永远不会理解。当NKVTS和奥斯陆大学的研究人员对于特岛大屠杀幸存者的故事进行研究时,他们发现,那些出现创伤后应激障碍症状的人对事件的外部细节记得更多,而对事件的内部思想和解释细节记得更少。这表明,那些不断评估和解释自己处境的人更容易处理自己的记忆,而那些特别关注周围环境细节的人更容易在事后被自己的记忆所困扰。

阿德里安·普拉孔在写《心与石——一名于特岛幸存者的故事》(*Hjertet mot steinen: En overlevendes beretning far Utøya*)这本书时,梳理了于特岛恐怖一天里的所有细节。写作帮助他把可怕的细节抛在脑后,现在他觉得没必要记那么多了。他的详细记忆被保存在他的书的黑匣子里,不再像以前那样拼命地想跑出来了。但是,让记忆褪色并不像写书那么简单,这只是他迈向新生活的第一步。像所有经历过创伤的人一样,他渴望过正常的生活。创伤后应激障碍总是让他保持高度警惕。在新的地方,比如咖啡馆,他仍然会寻找可能的逃跑路线和藏身之处,孩子们玩耍时的尖叫声也会让他紧张。看到杀人犯的照片不可避免地会引起强烈反应。当然,不看罪犯的照片几乎是做不到的,特别是在大屠杀发生后的那段时间,布雷维克的照片在报纸和博客上到处都是,电视和电台也在不停地谈论。

"我见过他一次,在便利店。他站在角落里向我转过身来。我得冷静下来,我当然知道他不可能在那儿。"

一张照片或一条评论,一晚糟糕的睡眠,或其他一些事情,都强烈唤起阿德里安对布雷维克的记忆,记忆是如此之强烈以至于他都能"看见"布雷维克。几个幸存者说,当他们听到孩子们大声喧哗时,他们就像被扔到了于特岛。他们可以看到脚下的草和周围的树木,即使他们处在安全的市中心,也会感到恐慌。

回到事发地方可能是阿德里安能做的最可怕的事情,对于特岛的记忆格外强烈。这就是我们在潜水实验中展示的部分内容:记忆是如何与一个特定的地方相连,并当人在那里时浮现。那么,我们把阿德里安带到他被枪杀的地方,希望达到什么目的呢?是看看这个地方会不会让他陷入痛苦的回忆么?

"这里很漂亮,但对我来说,它就像笼罩着乌云一样。"当我们搭乘的"托比约恩女士号"驶向岛的码头时,他这样说道。那艘旧船引擎的嘎嘎声使4月这天的下午充满了夏日的回忆。船沿边急流的水不时诱惑着我们下去游泳,但它发出一种刺骨的寒意。大约5年前的7月22日,这里阴冷多雨。蒂里湖是挪威最深的湖泊之一,即使在仲夏也不适合游泳。那天,当阿德里安站在岸边,感觉到水灌满他的鞋子时,他突然醒来,意识到正在发生非常危险的事情。甚至在几分钟前,当他看到一个年轻女孩中枪时,所有他能想到的就是:**这准是在排演,是在扮演角色**。那不是真的。

"它仍然控制着我对所发生事情的大部分经验,我认为这不是真的。"

现在,我们在于特岛上漫步,岛上点缀着春天的花朵,这是一种某种意义上由恐怖主义"导游"着的旅行。要是我们是单纯的游客就好啦,那样我们就不会感受不到这是一个美丽的田园。蓝色和白色的银莲花,典型的挪威春季花朵,在岩石之间和纤细的树木下随处可见。尽管我们喜欢这些，但我们不过是跟那些去奥斯威辛了解大屠杀事件的人一样在刺探隐秘。来到这里真是既伤心又陌生！

这里正在修建新的建筑物，以取代先前发现许多遇难者尸体的咖啡馆，它们将成为青年民主和言论自由的学习中心。于特岛的一位经理弗吕德内斯（Jøgen Watne Frydnes）带我们参观了其中一栋楼。新的建筑内部包括一个咖啡馆、一间礼堂和一扇可以看到外面自然风光的大窗户，此外还有一个政治文学图书馆，书架有5米高。我们在书架前站了很长一段时间。在这里，过去的政治家通过书本与未来的政治家对话。

就在这座新建筑旁边，在隐蔽的森林里，有一座纪念69名遇难者的纪念碑，一个精致的金属圈悬挂在树上。受害者的姓名和年龄刻在金属上，这些孩子们本应该在这里，比今天看到的年龄长了5岁。

阿德里安站在金属圈前，读着这些人的名字。我们把花放在它下面的地上。然后，我们朝阿德里安被枪击的地方走去。一只天鹅漂浮在小小的海湾里，被刚露出脸的春天雪后太阳照亮着。脆弱的花朵捕捉到开始融化的白色雪花。

"我不认为我有什么真正的改变，直到我接受了生活，因为我知道它永远不会回来。从那时起，我停止了抗争，可以开始重建我的新生活，也就是灾后的新生活。"

创伤记忆仍然可以压倒他，但他已经越来越能控制它们。到于特岛去旅行（这已经不是他的第一次）是优选的控制方式。

"根据经验，我知道压力会释放记忆。这会毁掉一次考试、一次面试、一个任务的最后冲刺。今年冬天，我傻到最后一天才完成带回家的考试。然后，在所有的应激压力中，创伤记忆占据了主导地位，我无法按时交付考试任务。"

阿德里安已经计划，在我们这次去于特岛旅行之后什么都不做了，把这些记忆在新鲜空气中放出一整天就够了。"事情发生后,我的很多事情都改变了。以前我很邋遢,现在我很整洁;以前我想在公务员部门工作,现在我想研究恐怖主义;以前我从不看报纸上的外国新闻,现在我只看这些。从前,我无法想象自己会住在奥斯陆。"

2012年,阿德里安搬到奥斯陆居住,并最终开始了对和平与冲突的研究。他想对恐怖进行学术研究,他希望他的经历能有助于研究。

我们的目光越过他在恐怖事件中躺倒的位置,那里被灰色的岩石和干枯半死的树木覆盖,即使在夏天也几乎没有任何绿叶。

"我能看到每个来往这里的人的鬼魂,我也能看到他。这就像一部电影,你可以看到透明的人们来来去去。"

"你是否曾希望能忘却7月23日之前发生的一切,将其永远从你的记忆中抹去?"我们问他。

"我做过白日梦。当我病得很重的时候,我想了很多。但是,我也有很多美好的回忆,我不想失去它们。"

第四章

大杜鹃鸟巢的故事：当虚假记忆悄悄潜入

> "真是难以置信！"爱丽丝说。
> "是吗？"王后怜悯地说，"再试试：深呼吸，闭上眼睛。"
> 爱丽丝笑着："不用尝试了，人们无法相信不可能的事情。"
> "我敢说你没有做足够的努力。"王后说，"当我和你一样大时，我经常每天花上半小时来尝试。这不，有时候早餐时间还没到，我就已经相信6件不可能的事情了。"
>
> ——卡罗尔（Lewis Carroll），
> 《爱丽丝镜中奇遇记》（*Through the Looking-Glass*）

当缺乏信念认定事物的真实性时，会有多大可能性去相信呢？

这种"记忆"被匿名地捐赠给"虚假记忆档案"："我清楚地记得拿了一枚父亲的奖章，并把它埋在花园里。后来我寻找了很多年，在花园里挖出一小片一小片的泥土，却从无收获。我现在想来，这一定就是一段虚假记忆。为什么父亲会有奖章？为什么我要把它埋起来？但这段记忆如此真实，无论是绚丽的色彩，还是清晰的边缘。"

但这并不是最严重的记忆错误。这样的事情可能发生过，也可能没有——其实很可能没有，但它给人的感觉就像记忆一样真实。尽管这种虚假记忆可能是无辜的，但也说明我们的个人记忆是多么脆弱，并让我们质疑能否相信自己的过去。艺术家霍普伍德（A. R. Hopwood）对加利福尼亚大学欧文分校洛夫特斯（Elizabeth Loftus）的研究产生了兴趣。洛夫特斯是全世界研究虚假记忆的顶尖科学家。针对人们对真相的普遍扭曲，霍普伍德决定办一个名为"虚假记忆档案"的艺术项目。那些错误地认为自己经历过飞机迫降或车祸的人，与那些坚持自己记得1985年"拯救生命"演唱会现场的人并肩出场，后者甚至是在那场演唱会之后出生的。在霍普伍德的巡展过程中，观众们通过加入自己的虚假记忆来促进艺术和真实的结合，并使记忆收藏不断增多。

既然人们相信自己的记忆是真实的，他们就不会意识到自己记住的是从未发生过的事。然而，霍普伍德的项目积累了大量的虚假记忆案例，而且很多记忆可追溯到童年早期。关于婴儿时的那些回忆容易被解释为，小孩在某种程度上缺乏对现实的理解。当然，当我们成长到能够意识到事情真相的时候，孩童时的这些记忆很快被遗忘。但值得一提的是，虚假记忆也会出现在记忆得到充分发展且世界观健全的人身上。心理学教授马格努森（Svein Magnussen）将他职业生涯的大部分时间投在虚假记忆研究上，他自己就是一位虚假记忆的受害者，他一度认为自己年轻时犯过罪。

"为了参加高中毕业典礼，我们买了一辆小汽车，从奥斯陆开到哥本哈根，但碰上了汽车抛锚。我清楚地记得我们把它推下桥，并看着它淹没在海水里。我甚至记得有一座木质桥，尽管在我回忆它时，我确信哥本哈根没有这样的桥。"马格努森，如今的奥斯陆大学教授告诉众人。

整整30年，他一直认为汽车的故事是他一生中一段不光彩的插曲，毕竟用这样的方法抛弃汽车是违法的。然后，他在一次聚会上遇见了他的高中同学，得知的真实情况是，他朋友先买了那辆车，并最终把它卖给了哥本哈根的一家垃圾场，它从未被推进海里！

"在路上的某个地方，我编造了把车子推下桥的清楚回忆。我们可能讨论过这件事，当然这也只是一种可能。随后我构建了那个场景的图像,使它最终在我的脑海里成为一个真实的记忆。"马格努森说。

他的故事说明了一个令人不快的事实:并非我们经历的每件事都是真实的。甚至可能很多情况都不是这样。

我们创造虚假记忆的方式有很多。我们可能会"窃取"别人的记忆。例如,我们知道战争老兵在集体治疗中会逐渐接受彼此的故事。对一些人来说,在晚餐时沉醉于另一个人的激动人心的故事,会让那个故事在自己的记忆中占据一席之地。相比之下,童年的记忆更加模糊,一个人的经历到底是真实发生的,还是同伴们反复讲述的故事,又或是从照片中看到的东西,往往是不清楚的。当我们在电视上看到什么或参加集体治疗时,或者是与兄弟姐妹们谈论童年发生的事情时,虚假记忆就有可能形成。所以,我们能相信自己的记忆吗?

"我们不明白为什么有些人倾向于创造虚假记忆,另一些人却不会,我们也不知道创造虚假记忆的人具有什么特征。你可能会认为,那些清楚、生动地记得自己生活细节的人是不会编造出虚假记忆的,但事实并非如此。即使是他们,也可能拥有虚假记忆。"马格努森说。

"虚假记忆档案"中那些令人难以置信的故事,在很大程度上破坏了记忆的可信度。事实上,我们的记忆富有弹性、可重构,它不是我们在电脑上打开并重新阅读的PDF文件,也不是装满高清照片的相机。记忆更像是现场演出,同样的节目不断地有新的版本。在一些演出场次中,女主人公穿着红色的连衣裙,在另一些演出场次中则换成了蓝色;有时演员被替换,情节被修改,甚至是大幅度地修改。有时,演出的内容是关于我们实际经历过的事情,有时只是我们想象中的事情。在记忆的剧院里,同一个剧目不断上映很多奇怪的变异版本。

我们的每个记忆都是真实和虚构的混合体。对于大多数记忆来说,故事的主体是基于真实事件的。但每次我们回忆起它们时,它们仍然会被重新构建。在这些重构中,我们用可能的事实来填补空白。我们下意识地从一间装满了回忆片段的道具室获取蛛丝马迹。这其实是大脑节省空间的一种方式：我们不必像完整的电影胶卷那样来储存自己经历的每一件事，我们可以将事件按人、物、感觉体验以及行为来分门别类再储存起来，每一类物品单独储存，但都被"捆绑"于由海马维持的记忆网络。这样的方式释放了我们的大脑空间，解放了思想。我们并非记忆的奴隶，尽管我们一直积极地使用它们。这种弹性的代价是，事情很容易变得混乱。例如，1995年麦克维（Timothy McVeigh）在俄克拉何马城拉响炸弹并造成168人死亡。一名目击证人坚信，自己当天看到两个人租了一辆卡车。这引发了一场对另一名共犯尼科尔斯（Terry Nichols）的抓捕行动，而事实上当时他根本就不在现场。这位证人在卡车租赁场做修理工作，并确定看到了两名男子，然而，他是在恐怖分子到达后的第二天看到的。不幸的是，其中一人看上去有点像麦克维。证人把这两件事弄混了，并把自己后来见到的无辜顾客的脸记成麦克维的脸。恰恰这位证人的记性比大多数人都好，因为通常什么顾客什么时间来店里，对任何一位职员来说都不值得去记住。

这样的记忆混乱在我们日常生活中并不明显。然而，如果仔细研究每一份记忆最细微的细节，并将其与电影片段进行比较，那我们的大多数记忆是缺乏细节的。想象一下你的办公室、教室或常去的便利店。事实是，你可能不会记得每一个细节，例如书架上有什么书，桌上的手机充电器的电源线如何盘绕，咖啡杯放在哪里，以及窗台的阳光是如何反射到墙上。尽管如此，这样"模糊的"记忆仍然会让人觉得可信。因为你对咖啡杯和充电器有足够的印象，可以轻易地在记忆的道具间拾起它们并摆在合适的地方。在一群人面前讲话，你不会记得房间里的每一张面孔，不过，当你试着把他们从记忆中召唤出来，房间里还是会和你第一次在那里时一样地满。尽管气氛可能是一样的，但每个人都是从你记忆中的临时演员里挑选出来的。

根据洛夫特斯和同事们进行的一项研究，自传体记忆很好的人其实会记住更多不准确的细节，就好像他们把自己的记忆剧场应用到了极致。他们有一个庞大的记忆仓库，但随之而来的是记忆会有点过度重构。

但在构建虚假记忆时，还有更多因素在发挥着作用。时隔越久，虚假的片段——就像30年前被推下水的汽车，就越有可能潜入我们的记忆。时间因素很重要，我们很少错误地回忆昨天发生的事情，但去年发生的事情印象就模糊许多了。最有趣的故事也包含有戏剧性的成分，平凡事情比非凡事情更容易成为虚假记忆。

声称不会遗忘的所罗门·谢里谢夫斯基说，他记得自己婴儿时期的事情。他详细地描述了当母亲或保姆在摇篮上方看着他时，光线如何穿过摇篮。正由于他有如此生动的想象力，那段回忆很可能是虚假的。因为很难相信他会免于一个规则，即我们童年早期的经历都会消失在一个被称为"童年遗忘症"的深渊。

所罗门的想象力经常捉弄他。有一段可怕的经历就发生在他童年和家人搬新家时。当他们坐着移动的卡车离开时，他想象着自己被抛下了，那场景生动到几乎以假乱真。研究人员应用现代磁共振成像仪扫描发现，当我们在想象某件事情的时候，我们大脑的活动与我们在现实生活里经历类似事情时的活动非常相似。实际上，想象、真实记忆和虚假记忆在我们大脑里有着相似的表现，区分它们的方式只有大脑如何按"真实"或"不真实"的标准进行分类。真实记忆**是**想象的一种形式，即想象重构。虚假记忆虽然很不合理，但同样遵循着记忆的自然法则。某种程度上，虚假记忆到记忆的迁移就是从想象开始的，并突然间就被当成真实记忆的东西。虚假记忆偷贴上一个写着"真实"的标签，就像一只大杜鹃把蛋下到芦莺的鸟巢里，并把芦莺雏鸟挤出巢。在芦莺妈妈的孵化下，大杜鹃雏鸟出壳，最终长成一只又大又肥的大杜鹃。

既然不完美的记忆让我们相信从未发生过的事情,那么记忆能被外界控制吗?有可能在别人身上刻意地制造虚假记忆吗?

事实上,研究人员已经成功地在小鼠的脑内植入了虚假记忆。还记得我们之前说过的帮助我们记忆特定位置的海马位置细胞吗?研究人员在小鼠海马的位置细胞所在处放置了一个电极,当小鼠移动到笼子的特定位置时,他们就可记录到相应的神经元信号。之后,他们让小鼠睡眠。无论是鼠类还是人类,记忆细胞都会在沉睡期间激活——就好像睡着以后又回到曾经去过的地方,以备回忆。因此,在这只小鼠睡觉时,海马的位置细胞们会自我激活,这正是它们的功能所在,也是研究人员能够实施操控的关键所在。此外,研究人员还在小鼠大脑的奖赏中枢植入电极,对这个区域施加微小的电流刺激时,小鼠就会有一种愉悦感,就像它在吃糖、交配或做其他感觉很好的事情一样。因为奖赏中枢释放的神经递质除了让鼠或人感觉良好外,还有助于加强神经元与神经元之间的联系,创造并留下记忆痕迹。研究人员选择刺激小鼠奖赏中枢的时间点正好是特定位置细胞活跃的时间,这样就会加强位置细胞标记的"特定位置"与其感受到的愉悦感之间所建立的关联,这样的关联通常是经由小鼠在清醒状态下选择某个特定位置,然后获得糖或者其他奖励的联合学习方式来建立的。然而,在本实验中,联合关系是人为创造的,小鼠从未在某个特定位置得到过真实的奖励,但是在睡梦中被植入与愉悦感相关联的位置记忆后,小鼠会更频繁地回到这个特殊的位置。也就是说,小鼠被植入了虚假记忆。

在另一个相对没那么愉快的光遗传学实验中,小鼠被植入在笼子的某个特定位置遭受电击的虚假记忆。光遗传学通过转入一个基因来控制神经元的活动,这个基因编码一个由光控制的"开关"蛋白。自然界中,这种光驱动"开关"存在于一些生物(例如,单细胞藻类)的体内。然而在基因技术的帮助下,它们可以被转入小鼠大脑的神经元,并可完全按照研究人员的意愿,通过人工光照来"打开"和"关闭"神经元活动。当用特定波长的光照射时,神经元兴奋并发放神经冲动。运用这项技术时,研究人员首先鉴定出小鼠在笼子里探索时海马激活的一个小小神经网络。随后,给小鼠植入光控开关。接着,把小鼠置于另一个笼子里,用光激活在第一个笼子里被激活的那个神经网络,同时给予它们的腿部以微弱的电击。通过这种方式,使得小鼠把原本不存在电击的第一个笼子内的场景与腿部的电击疼痛建立起关联。之后,研究人员把小鼠放回第一个笼子,小鼠表现出非常恐惧的样子,就像害怕要被电击一样,即使它们从未在这个环境中遭受电击。这说明,在研究人员的操纵下,小鼠产生了虚假的疼痛恐惧记忆。

如此操作记忆有什么好处?如此"玩弄"小鼠的感情,是否显得无情?在一个反乌托邦式的噩梦中,我们可以想象邪恶的超级坏蛋如何利用技术篡改人们的思想,然而,这项技术当然不是为了经由研究大鼠和小鼠获得控制世界的力量,而是为了在细胞水平上探索大脑记忆的神经元机制。或许在将来,我们能够通过操控脑内神经元的活动来弱化极度痛苦的记忆,或者改善失忆症患者的记忆。

值得庆幸的是,还没有人试图用对付鼠的方式来处理人类的大脑,以改变人们的记忆。要在人类身上植入记忆,我们必须求助于心理学。事实证明,通过把记忆的可重构特性利用到极限,心理学家的确可以操纵人们的记忆。

洛夫特斯和她的同事们做了很多极富创造性的实验,他们让实验"豚鼠"——大多数其实是学生——相信最荒诞的事情。多亏洛夫特斯(她现在有七十高龄)的贡献,虚假记忆才成为心理学研究的一个主要领域。她、她的同事们和接班人在这个领域进行了大量的研究。洛夫特斯于20世纪70年代收听了美国电视台播放的类似实验的娱乐节目,才偶然地进入了这个研究领域。电视台播放了一场有预谋的犯罪,观众们可以通过打电话来投票决定罪犯是谁。舞台表演非常逼真：仅仅13秒时间，一个男人抢劫了一个女人，把她打倒并且逃跑。剧情和场景就像在现实中的抢劫一样：灯光昏暗，事件发生迅速，四周有很多人在移动，且有很多类似尖叫或喊叫的干扰。这样的犯罪是复杂的，因为目击者们都毫无准备。

两分钟后，节目主持人向观众展示传统的"犯罪嫌疑人队列"——劫匪和5名无辜的志愿者面向观众站成一排，并鼓励观众拨打网络电话指认罪犯。超过2000人参与了投票。结果令人震惊且沮丧——队列里的每个人都得到大致相同的票数，只有14%的人的选择是正确的。如果我们考虑到这6人中可能根本没有罪犯，这样的投票结果就像是"目击者"在瞎猜一样。既然目睹了这一事件，怎么会有如此多人记得如此之少呢？这个电视节目让身为心理学家的洛夫特斯非常好奇：虚假记忆到底是如何产生的呢？这激发了一个全新的研究领域。

洛夫特斯的一个实验是让实验对象相信他们喜欢吃芦笋。在实验前后，他们监测了受试者的饮食习惯。结果发现，在植入了一个让他们相信自己小时候特别喜欢吃芦笋的虚假记忆后，受试者开始购买更多的芦笋，更乐意为芦笋花钱并在餐馆更频繁地点芦笋。而当研究人员让受试者相信他们曾经吃过一个坏鸡蛋时，情况正好相反。即使是那些一开始否认自己曾因吃坏鸡蛋而食物中毒的人，在与心理学家见面后，也对所有类型的鸡蛋菜肴持怀疑态度，减少了鸡蛋的购买量。

洛夫特斯还测试了不同的提问方式是如何影响记忆的。受试者观看了一部有关两车碰撞（collide）的电影，随后对汽车的行驶速度进行估计。第一组受试者被问及"两车相撞（crash）时，它们开得有多快"，第二组受试者被问及"两车相碰（hit）时，它们开得有多快"。结果是，第一组受试者回答的行驶速度要比第二组受试者回答的行驶速度高很多。提问的方式和措辞也影响到受试者记忆中如何看待这次碰撞。甚至，第一组受试者"看到"了根本不存在的玻璃碎片。

洛夫特斯还让人们相信,自己小时候曾在一家购物中心迷路。她的技术如此令人信服,以至于改变了童年记忆的核心部分。她说:"我是在开车送朋友去机场的路上想到这个实验的,当时我们正经过一家购物中心。与往常一样——我得到了这样一个实验想法。"

今天,洛夫特斯被列为20世纪最有影响力的100位心理学家之一,与弗洛伊德(Freud)、巴甫洛夫(Pavlov)、斯金纳(Skinner)及卢里亚位于同一名单上。卢里亚对所罗门·谢里谢夫斯基的记忆做了全面、深入的研究。

故事可以很有说服力。而记忆和故事是紧密相连的,就像我们自导自演的人生故事一样。也许是讲述一个连贯故事特有的吸引力,使目击者在看到犯罪后都相信自己的猜测?正如1974年的电视实验,仅仅14%的人认出了真正的抢劫犯。可以假设这样的结果源于他们的注意力和记忆力,但也可能这只是瞎猜的结果。当你目睹了一场犯罪,你的记忆可以决定一个人是否被逮捕和被审判,你就可能下意识地被引导出一个答案来把故事补充完整。而当你给出了一个答案,你的判断将成为一个新的记忆,这几乎是不可能从对抢劫犯那原始的、易逝性的记忆中分离出来的。毕竟,他的脸在电视屏幕上只出现了3.5秒。

1844年,擅长讲故事的爱伦·坡(Edgar Allan Poe)成功地使美国人相信第一次跨大西洋飞行是乘热气球完成的。在《纽约太阳报》(*New York Sun*)的特刊上,他用粗体字描绘了一幅令人印象深刻的、所谓成就的画面:"**令人震惊的特大消息!乘坐诺福克特快:三天横跨大西洋!梅森(Monck Mason)先生的飞行器发来了胜利的信号!!!** 他们抵达了南卡罗来纳州查尔斯顿附近的沙利文岛。梅森先生、霍兰德(Robert Holland)先生、亨森(Henson)先生、安斯沃斯(Harrison Ainsworth)先生和其他四人**乘坐'维多利亚号'热气球,跨洋飞行75小时**。航程的全部细节如下!!!"

爱伦·坡的"作品"包含了一些可能真实的细节。他使用——或是误用——公众已经知道的人名,绘制了一幅令人信服的热气球飞行和航行路线图。对他来说,玩弄和虚构事实是一件乐事——因为无论如何,当你纵观全局时,什么才是真正真实的呢?他将真实与虚构两者结合起来的方式与我们的记忆处理回忆和真实的方式并无不同。如果记忆是一位作家,它和爱伦·坡会有很多相似之处。欺骗所有美国东海岸的人,使他们相信有人乘坐热气球越过了大西洋,这是一种骗法。其实,你也可以欺骗到人们相信自己当时就在那个热气球上。

这正是洛夫特斯之前的学生加里(Maryanne Garry)要让她的实验对象们相信的。加里和她的团队向志愿者展示几张他们童年的照片,并让他们谈论这些照片。然而,其中一张照片是处理过的,使他们看见自己在孩童时期乘坐热气球在天空翱翔。尽管他们从未乘坐过,竟有一半的参与者声称自己记得热气球,并详细描述了自己的飞行经历。他们当场为自己构建了一个真正的虚假记忆。

研究人员是如何让他们的实验对象相信不真实的事情发生过呢?他们作了充足的准备,与"受害者"——也就是实验对象——的家人和朋友串通,并尽可能多地了解他们要"欺骗"的对象。例如,讲述一个包含重要的真实细节的故事会增加被相信的可能性。这正是爱伦·坡欺骗报纸读者的手法。但是,仅仅提供一个虚假的故事是不够的,还需要结合权威性、诚实性和谈话技巧。因此,进行实验的研究人员必须是一个值得信赖的人,他可能坐在一间放满心理学书籍和证书的办公室里。实验室工作服也有一定帮助。这位"面试官"还应该让"受试者"相信他知道事情的细节,当然不能吐露全部,毕竟将要测试的是受试者的记忆。研究人员提供一些细节,给受试者埋下一颗"种子",并用一些鼓励的语言来浇灌它:"努力想,大多数人都需要一段时间才能想起来",

"如果你很久没去想,记不起来也是很正常的","试着想象它",直到新的细节让他们知道"接下来发生了什么"。整个过程都被面试官的友善、安全感和乐于助人的"外表"所包裹着。其实,面试官接受过良好的面试技巧培训:面试前接受近10个小时的培训是很正常的;如何最好地将图像和其他材料呈现给受试者,是需要反复钻研的,即使最细小的细节的呈现方式也需要钻研;任何细节都不应该以奇怪的方式突现或引起怀疑。

既然我们已经掌握了制造虚假记忆的诀窍,我们不禁要问:**我们能骗到谁呢?** 像我们(本书作者)这样的人也可以给他人植入虚假记忆,不是吗?心理学家和作家可以很快成为一流的操纵者,对吗?唯一的问题是,这感觉很不对啊!我们不能就这么把我们在街上看到的第一个人,或者一个朋友拉进来。这让人感觉不可靠。不仅如此,我们还要冒失去实践心理学和友谊的许可证的风险。所有的迹象都将目标指向一个人,他与我们一样,对展示记忆那富有构造性和离奇的本质兴趣浓厚,并将通过一次幻想的热气球旅行而做到这一切,他就是本书的挪威编辑埃里克·索尔海姆(Erik Møller Solheim)。

我们迫不及待地要把他送到"天上"去。

但是在开始前,我们必须问洛夫特斯一些问题:她是如何在实验中成功骗过那么多人的?她喜欢恶作剧吗?

"不,完全不是!这只是为了科学。对虚假记忆的研究具有巨大的现实意义,这是我们这样做的原因。"她在电话里耐心地解释道,当时她在离我们9个时区之外的美国洛杉矶。

我们必须自己尝试,当然也想亲眼看看。这将是我们给埃里克的礼物:一个快乐且完全虚假的记忆,关于他5岁时曾坐着一个色彩斑斓的热气球在奥斯陆上空翱翔的记忆。

带着初学者的勇气以及洛夫特斯成功经验的激励,我们向着任务发起猛攻。芦笋！车祸！鸡蛋！埃里克的妻子为我们提供了关于他童年的重要信息和很多照片。然后是时候修图了。一名专业的设计师将一张20世纪70年代的热气球照片和一张5岁时埃里克的照片进行了拼接，并将其磨合得像一张普通照片。照片上热气球正准备起飞，而他的小脸从气球篮的边缘伸出来。他目瞪口呆的表情也很符合情形。也许他在乘坐热气球飞行时有点紧张？总之，拼接的图片看起来很有说服力。随后，我们和埃里克约好见面，为了"谈论这本书，并做一个关于童年记忆的实验"。

在他的办公室里，我们给他看了他真实的童年照片和那张假照片。假照片放在5张照片中的倒数第二张。照片分别记录了过生日、乘游船、在学校和模仿超人的埃里克，最后这张照片选得很好，因为喜欢飞行的人肯定会对热气球之旅感兴趣。

当我们讨论前三张照片时，他谈了很多。我们的心也狂跳不止，因为我们要对某人撒谎，真的撒谎！但是，当我们拿出被修过的照片时，出现了同样让我们吃惊的结果。

我们的编辑看起来很吃惊，惊呼道："这是虚拟的图片吗？我不记得做过这件事！不，这很奇怪。这张照片是从哪来的？我不觉得他像我。这是什么？"

我们努力使他冷静，让他觉得自己只是忘记了那件事，并对拍照时可能发生的事情以及他为什么不记得——完全不记得——这件事给他"植入"一些想法。对于我们这样不习惯撒谎的人来说，气馁和坦白的冲动是很难抵挡的，尤其是当我们的编辑拿起照片并公开怀疑它时。但是，我们坚持了自己的立场。我们记得，加里成功地从一半的毫无戒心的参与者身上提取出了虚假的热气球记忆。因此，让编辑心中的气球升起还是有可能的。

"我们通过多个途径获得这些照片。有些照片是你知道的，有些是你很久没见过的。"心理学家于尔娃（Ylva）平静地说。

下面的戏由于尔娃主导，因为她作为神经心理学家的权威是我们为数不多的优势之一，她试图用冷静且专业的谈话来安抚埃里克，面带微笑，不咄咄逼人。

"慢慢来。你不记得是完全正常的。我们不可能记得儿时所有的事情。"

这一切都是为了让他接受热气球旅行是可能发生过的，即使他根本不记得这事。事实上，大多数人都会有不记得的经历。

"也许这是一段奇特的经历，以至于你不知道将它放在记忆中的某处？"

从根本上来说，给埃里克灌输一个又一个虚构的记忆，感觉起来是错误的。他**当然**会记起乘坐热气球的场景。因为**那些特殊的、令人印象深刻的事件更可能被海马保存下来。**

埃里克的脸仍因怀疑而显得扭曲。他急切地想知道真相：这到底是一张假照片还是真照片？与此同时，我们仔细观察他的脸，以寻找他流露出的细微迹象。

"你在家不曾谈起过这件事吗？"

埃里克摇了摇头，但他现在看起来平静多了。幸运的是，我们已经度过他震惊的阶段。他准备开始谈判了。

"当你还是个孩子的时候，你就对飞行很着迷。就像你刚才穿超人装的照片。如果你想象自己在飞翔，这或许会有所帮助，也许会勾起一些回忆？"

"我想我可以想象自己站在一个像那样的篮子里。那个篮子可能是装在一个热气球上的。我能感觉到。"埃里克试图帮忙。即使在这种令人不安的情况下，他也是个和蔼可亲、彬彬有礼的人。

"如果你能想象，那一定意味着你有过这样的经历，所有的想象都来自某处。试着想象乘热气球出去兜风的样子，记忆就会回到你身边的。"于尔娃向他保证，而这与我们对记忆的了解完全相反。

能想象出某件事绝对不意味着它就是真的。否则，任何小说家都会生活在充满非凡事实的故事的日子里。想象某事只是意味着这件事情**似乎**是真的，虽然带有一定的扭曲。在这一点上，我们已经接近虚假记忆的一半了。埃里克本就是一名作家，拥有丰富的想象力，但他愿意和我们一起遨游天际吗？在我们的脑海中，他飞得已经远远超出了树梢，越过了田野。他可以眺望到奥斯陆海湾，可以看到他的姐妹们在地面上耐心地等着轮到她们飞行。他的父亲和他一起坐在热气球篮里，用手臂环绕着他紧张而兴奋的身体。在肾上腺素和欢乐的混合作用下，他们终于飞了起来。

我们告诉埃里克要保守谈话秘密，这是我们从研究人员那儿学到的另一个技巧。把实验对象孤立起来，让他对可能发生的事情进一步沉思，也许，仅仅是也许，大杜鹃就会孵化出来，并让那个浑身是泥的小怪物在他的想象中成长为一个巨大的热气球。没有叔叔、阿姨或者朋友来纠正说"不，你从来没坐过热气球"，飞翔的梦想最终可能会把记忆带离地面。

我们怀着复杂的心情离开了埃里克的办公室。一走到别人听不见的地方，我们就放声大笑："你认为他买账了吗？天哪，我很难一直板着脸啊！"

第一次见面没有实现热气球之旅，但是我们没有放弃。这只是开始，我们没指望一蹴而就。这个过程需要时间，实际上花费了多达三次谨慎的采访，再加上埃里克独自思考这件事发生的可能性所需要的时间。虚假记忆会逐渐潜入记忆的网络，并被"记忆渔网"所捕获。

第二次和埃里克谈论虚假记忆时，我们带了一些问卷，以保证谈话更加科学。并且，我们打算对他实施催眠，这应该会让他放松，更愿意进入热气球篮里。

可是,当我们拿出夹着照片的文件夹时,他突然说:"自从上次见面以来,我就一直在想这件事。你们想骗我,是吗?这是一张假照片,不是吗?"

在一纳秒的时间里,我们的胃感到一阵刺痛,然后我们重新评估是否可以继续推进,哪怕再推进一点点。结果是不能,我们能做的只有坦白。也许是因为我谈话的那天是愚人节,也许是我们脸上愧疚的表情,总之这只热气球再也飞不起来了。也许我们第一次谈话时用力过猛,也许就像一团微小脆弱的火焰随第一缕空气被吹进了红白相间的织物,绳子开始断裂了。

如今我们坐在编辑的办公室里,我们的热气球泄完了气,平躺在地板上。我们所有人都在嘲笑这次记忆操纵的失败尝试,事后我们也意识到失败是注定的。操纵虚假记忆是一项艰巨的工作,而我们的努力还不够。

将我们的编辑用作受试者的问题在于,我们,也就是他的作者们,在与他的关系中缺乏权威,尽管我们打着心理学家这张名牌。充其量我们是平等的。作为一个好编辑,埃里克应该记得我们的书里写了什么,记得我们正在写一个关于虚假记忆的章节。更糟糕的是,他的职务决定了他应该对我们展示的大多数东西——甚至是照片——持批评的态度。换句话说,我们把自己的工作变得特别困难,而且欺骗编辑比欺骗学生更难,因为对学生来说教授就是权威。此外,最初的热气球实验距今已经16年,在这段时间里人们已经学会了如何修图,并且每个人都知道照片可以修得很令人信服。

并不是只有我们植入虚假记忆的实验尝试失败了。研究人员布鲁因(Chris Brewin)和安德鲁斯(Bernice Andrews)对洛夫特斯所说的提出怀疑。他们仔细研究了世界各地进行的关于虚假记忆的实验,发现很多实验可能根本没有测量虚假记忆。有些实验要求参与者回答某一段记忆有多大**可能**是真实的，按1—5级打分。经历过记忆操纵的参与者比没有经历过的参与者更有可能给出高分。但这并不能说参与者实际上构建了新的记忆。我们需要更多、更细致的准备，才能说那是一段**真正**的虚假记忆。在比较复杂的实验中，得通过多次的面试来操纵记忆，虚假记忆才可能出现。而在相对简单的实验中，实验对象唯一的任务是想象事情**可能的情况**，并没有展现出任何具有决定性的影响。基于此，布鲁因和安德鲁斯认为，我们必须重新思考虚假记忆的本质以及它们发生的频率。还有一些人对布鲁因和安德鲁斯的工作提出质疑，认为它们试图淡化虚假记忆对人们生活的真实影响。这真是一个棘手的问题。

令人着迷的是，人们在丝毫不受外界影响的情况下生成对于难以置信事物的记忆后，很难让他们再产生虚假记忆。看看"虚假记忆档案"和马格努森关于汽车的荒诞故事就知道了。当虚假记忆在野外萌芽，并且没有被过度裁剪和外界干预的情况下，它们生长得更好，因为它们把自己缠绕在我们的生活故事中。在自然环境中，它们更有说服力。

或许我们应该试着欺骗孩子，他们会相信我们所说的一切。真是这样么？

"在虚假记忆方面，成人和孩子没有区别。曾经有这样例子：孩子们坚定地否认不真实的事情，这需要很大的精神力量。因此，孩子们不会让自己轻易地被带入虚假记忆。与成年人相比，有虚假记忆经历的儿童的比例并不高。"马格努森告诉我们。

那么，为什么让人们相信虚假记忆如此重要呢？对洛夫特斯来说，为什么欺骗人们变得喜欢吃芦笋如此重要？

重点不是芦笋或鸡蛋。洛夫特斯的研究挽救了生命，改变了司法系统对目击者证词的态度。1970年,当洛夫特斯开始自己丰富多彩的实验时,每个人都相信独立目击者所说的是事实。好吧,当然是事实!为什么不是?当人们在经历数周审讯后承认自己的罪行,那是因为他们有罪,不是吗?当时,刑事司法依赖的理念是,记忆就像一部精确的纪录片:把它播放出来,你就会找到罪犯。但是,我们已经说过,记忆不是这样的,它是可重构的。

"我们的记忆不是为刑事司法系统而生的。"奥斯陆大学的菲耶尔说,"它们不是用来帮助我们记住细节的,比如银行抢劫犯的衣服颜色。当我们为自己的生命感到恐惧时,我们的大脑就会想着其他事情。记忆是帮助我们避免危险的重要工具,从这个角度来说,它的功能很强大。"

洛夫特斯研究了实验对象讲述他们观察到的某件事情的细节之后,给了他们一份关于同一件事情的书面报告。报告中的一些细节被改变了,比如某件夹克是棕色的,而不是绿色的。许多人并没有对这种错误作出反应,而是开始相信它是真的。这意味着在刑事案件中,核心证据是可以被改变的。例如,收集证人意见的侦探草率地抄录证人证词,并让证人核实签字。在证人没有注意到的情况下,一个印刷错误就有可能成为一个虚假记忆,而这反过来又可能导致无辜的人被定罪。

"问题在于,虚假记忆和真实记忆非常相似,甚至在情感的强度上也是一样的。大多时候,我昨晚吃的是比萨还是汉堡并不重要,但在刑事案件中这些细节都可能是不利的。在刑事案件中,我们总需要依靠目击者的证词,我们永远无法忽略记忆在破案过程中的重要性。我们所能做的就是提高我们对记忆工作原理的认识,从而将风险降到最低。"洛夫特斯说。

"无辜计划"是一个致力于为被错判的人开脱罪责的非营利组织,他们调查了基于DNA证据证明被错判的300个案例,发现有四分之三的案例存在目击者指认错误,导致无辜者被定罪。在每一个案件中,证人都确信他看到过被定罪的无辜者从犯罪现场逃跑,或拿着枪俯身对着受害者,或者做出其他具有严重司法后果的行为。这些善意的证人并非要从错误指认中获得什么好处,只是记忆出错罢了。

马格努森曾在几起刑事案件中担任助理专家证人,并为挪威法官和律师编写了课程。他撰写了一本关于挪威目击者心理学的标杆著作。在挪威,他知道至少有两起谋杀案没有找到尸体,甚至没有失踪的人,这可能是因为证人目击了一场谋杀的虚假记忆造成的,还有案件声称集体性侵犯是撒旦崇拜仪式的一部分,而这后来被证明是不可能的。

怎么才能消除记忆和想象之间的差异呢?假的何以乱真了?

"我们只是不知道。"马格努森说,"我认为我们大多数人都有虚假记忆,我们记着自己没有经历过的事情。但它们往往是无关紧要的,我们没有注意到它们,因为它们不是那么重要。甚至弗洛伊德也描述了虚假记忆,当然在治疗师那儿这些记忆毫无意义,但在法庭上,它们会造成严重后果。"

自从出版了这本关于目击者心理学和虚假记忆的书以来,马格努森已经收到了几个病人咨询,他们曾在治疗师的帮助下"想起"了被虐待的往事。

"虚假记忆会导致真正的创伤。在这些人身上,虚假记忆在摧毁他们整个的个人历史,以及他们与周围人的关系。"

严重的创伤记忆很少会在被遗忘多年后突然出现,无论你听到什么样的关于那段被抑制记忆的往事。大多数遭受过严重虐待的人不会一无所知地生活,直到某天突然想起那些可怕的事情。一项针对175名儿童时期受到虐待的男女受试者的研究表明,受过虐待的人往往记得发生过什么,他们并非在治疗过程中突然想起这件事。当被问及是否曾遗忘那些经历,他们给予否认。

"作为成年人,突然发现这样的事情*几乎是不可能的。"马格努森说。另一方面,在权威治疗师的影响下,这也是可能发生的。他们引导患者穿过幻想世界与记忆世界之间的大门。

这并不是说,如果你认识的某个人突然讲述自己童年时被虐待的故事,你就可以把它当成"虚假记忆"而不予理会。隐瞒可以采取其他形式。情况可能是,他们不愿向自己或他人承认发生过什么,但内心深处一直很清楚。或者他们把自己的人生改写得非常戏剧化,以至于虐待情节出现在一个他们不常复读的章节,这是为了与施虐者保持必要的联系——他们可能曾对施虐者有所依赖。

阿德里安·普拉孔对自己在于特岛受伤的经历有着很突出的虚假记忆。他被枪击前最后看到的是一个女孩被枪杀并死在他身边。很长一段时间里,他都认为当时是自己最好的朋友死去了。直到写书时,他对事件的描述才被推翻。确实有个女孩在他身边死去,但不是他想的那个。他的朋友是在另一座岛上被枪杀的。

"我完全肯定是她,但实际上在我身边被枪杀的女孩根本不像她,连头发的颜色都不一样,她们唯一的共同点就是性别。当我意识到自己的错误时,我不得不重新检查那天的记忆,每一分钟的记忆。如果我不能相信自己所看到的一切,那会怎么样?"阿德里安说。

在审讯过程中,对比其他证据,阿德里安的大部分记忆实际上是可信的。他只记错了一件至关重要的事情。

他怎么会弄错这么重要的事情呢?

"他准是在片刻的闪念中想到了她,而她恰恰也是被射杀的人。也许他担心正是自己的朋友被枪杀了。这就是发生的一切。这种想法变得真实,并转变成一种记忆,就像真正的记忆一样强大。"创伤研究人员

---

* 指虚假记忆导致真正创伤。——译者

布利克斯告诉我们。

记忆有误对受害者来说是一回事，对罪犯来说则完全是另一回事。我们真的有可能相信并承认自己做了一些不曾做过的事吗？

洛夫特斯多年来开展对虚假记忆的研究，并时刻关注着整个研究领域的进展。她如今说："再也没有什么能使我感到惊讶了。"

"在最近的研究中，我们试图在剥夺人们的睡眠后，让他们承认自己不曾犯过的罪行。事实证明，当缺乏睡眠时，他们的记忆更易受影响。"她说。

即使没有睡眠剥夺，人们也会让人难以置信地愿意承认做过某些事情。加拿大研究人员肖（Julia Shaw）和波特（Stephen Porter）在一项耸人听闻的实验中证明了这一点。在这个实验中，他们成功地说服了70%的志愿者，让他们相信年轻时曾犯下盗窃和武装袭击之类的罪行，而这些罪行在现实生活中毫无根据。这怎么可能呢？你不会当场同意自己年轻时做了那么恶劣的事，是吗？但这项研究的参与者被说服了。他们详细地描述了这些事件，而且所说的和真实的记忆一样令人回味。研究结果也让研究人员感到惊讶。他们原计划在70名志愿者中开展这项实验，但在第60名志愿者接受实验之后就停止了。因为他们已经有了足够多的虚假记忆素材，可以确保实验结果在统计学上具有显著意义。

这是怎么发生的？在类似的研究中，肖和波特首先收集志愿者们年轻时的真实故事和虚假故事，志愿者的父母参与了其中的工作，他们详细描述了一些真实事件和他们孩子的青春期：他们在进行所谓的犯罪时住在哪里以及他们最要好伙伴的名字。他们把这些信息偷偷放入对虚假事件的描述的第一段，为这个故事的真实性提供暗示，同时也给了志愿者一些可以理解的东西。

洛夫特斯及其他研究人员的发现对我们社会的法律应用至关重要。作为目击者所记得的和作为犯罪嫌疑人所承认的，都无法再被认定具有完全的真实性和可信性。如果没有洛夫特斯,更多无辜的人可能会被定罪。现今,司法系统已经发生了根本性的变化,越来越多的心理学家被邀请到法庭,向陪审团解释虚假记忆。美国最高法院已经认可虚假记忆的存在,并且知道作为陪审团成员来源的普通大众仍然不知道记忆可以被扭曲和意外篡改。

"从20世纪70年代起,我就开始研究虚假记忆,这是因为我想研究一些对人们有实际影响的东西。当然,为美国更安全的法律体系作出贡献,是我个人的荣誉。"洛夫特斯说。

在美国,以忏悔为中心的审讯文化盛行。警察有时会用粗暴和令人不快的方法逼迫他人招供,即使他们并没干那些事。例如,1989年4月,一名女子在纽约中央公园被强奸,事后共有5名男子承认参与,甚至详细描述了过程。然而,DNA证据显示,他们中没有罪犯。

挪威人权中心位于新国家博物馆附近,俯瞰奥斯陆海湾。这个中心没有记忆方面的研究人员。在这里,没有人会花上几天的时间去重复记忆那些毫无意义的单词,来计算在水里或陆上到底记住了多少。在这里工作的有律师和政治学家,还有一名警察。后者在二楼的一个小会议室里迎接我们。一个凶杀案的警探怎么会在这里?

一切都从藤斯(Birgitte Tengs)的案子开始。拉什莱夫(Asbjørn Rachlew)警探就他的工作已经做了数百次演讲,每次他都不得不谈及藤斯被谋杀,以及她的堂兄随后被错判入罪的案例。这是挪威被引用最多的刑事案件之一,也是拉什莱夫个人记忆的一部分,是他的人生剧本。这个案子改变了他整个人生的方向。

1995年5月下旬的一个晚上,一名17岁少女的生命被残忍地终结,她来自挪威西南部的一座小城市,这座小城那时还只是以美丽的长着帚石南的荒原和沙滩而闻名。几年后,调查这一谋杀案使用的审讯方法创造了历史。藤斯有着天真无邪的挪威人形象,她穿着民族服装、顶着金色披肩卷发的照片出现在当时的新闻节目中。在一个安全的小岛社区,警察们正在处理这个罪犯未知的谋杀案。当藤斯的堂兄最终成为警方关注的焦点时,他们不计后果地要求尽快解决问题。但有一个问题:他否认谋杀了堂妹。警察们决心把他缉拿归案。

在警匪片和犯罪类电视节目中,我们都熟悉"好警察"和"坏警察"的套路。拉什莱夫刚开始当警探的那个年代,警察们所使用的方法非常相似:语气强硬,类似"我们知道是你干的,这只是时间问题,直到我们掌握证据"等的长篇大论;进行长时间、不间断的审讯。犯罪嫌疑人坐在比警探矮的椅子上,因此需要仰视审讯者。椅子很旧,摇摇晃晃的,是为了让他意识到这是一个人们坐了很长时间的地方,所以与它斗争是无用的。嫌疑人只与一名警探有接触,以造成一种依赖,而且警探拥有独一无二的权利来停止审问,或者提供水、食物、咖啡和纸巾。渐渐地,警探成了一个可依赖的人。他还可以巧妙地利用身体接触来建立信任——把手放在嫌疑人的肩膀上、手臂上。

"我们从其他更有经验的警探那儿学习审讯技巧,没有标准的方法,每个警探都有自己的招牌动作。我们模仿美国的审讯方法,并从电影和电视剧中获得一些关于审讯的指导。"拉什莱夫告诉我们。

当警察找到藤斯的堂兄,发生了什么呢?警探们把他隔离起来。两名警探轮番与他进行单独接触,并进行了长时间的审讯。他们告诉他,他很可能压抑了关于谋杀的记忆,因为太可怕了。他们声称有办法帮助他恢复记忆,并劝说他应该想象一下:如果自己是凶手,事情会是怎样发生的。

这听起来是不是很熟悉,就像我们试图在编辑埃里克身上做热气球实验?这并非巧合。记忆研究人员用来创造虚假记忆的方法,正是源于警察审讯室。

孤独和绝望折磨着藤斯的堂兄。他被许诺如果肯合作,将会得到奖励。终于，他开始把与警探们一起工作的时间看成是最喜欢的社会接触。就好像他被困在一个泡泡里，警探们使它缩小了。过了一段时间，他在审讯室与他们分享自己的"真实情况"。他合作了，他进行了思想实验，想象了那些可怕的行为。他开始怀疑自己对现实的理解。他真的能抑制那段记忆吗？对于那天夜晚从城里回家的路上，他目前所记得的一切，是为了掩盖那不可思议的邪恶而塑造的吗？警探们交给他的任务越来越具体，例如他必须写下关于谋杀的故事。他写了几个版本，想象着事情发生的夜晚以及可能的场景。他和藤斯在同一个镇上长大。他对那个地方非常熟悉，可以清楚地看到欧石南、帚石南以及发现他堂妹尸体的那条小路。他在紧张的情况下感到了肾上腺素的分泌——我们都能想象这种感觉。当写下一个剧情通顺的故事，他得到了奖励，并与警探进行社会接触。餐巾纸盒被推向他，椅子移得离他更近，一只手轻轻地放在他的肩上。有些人能理解这样做的作用。他写出来的故事逐渐变得越来越像警方从其他证据中重现的故事。藤斯的堂兄被说服并且认罪了。然而，犯罪现场发现的DNA属于他人。

　　有三种不同类型的假证供。有些是自愿的，他们承认自己没有做过的事情，因为他们想要受到关注，或者认为自己在更广泛意义上应该受责备（也许在上帝眼中他们是有罪的，谁知道呢）。有些是被逼供的，人们在遭受酷刑或长时间的精神压力之后有可能会这样做。许多犯罪嫌疑人认为，认罪更容易逃避眼前的压力或痛苦，并希望司法系统之后会为他们洗脱罪名。然而，他们常常是错的，他们提供有罪的口供，他们的忏悔将永远伴随他们。第三种情况是，他们相信自己做了这件事，是基于虚假记忆而自我坦白。藤斯的堂兄做了哪种类型的假证供呢，我们不得而知。可能就在那个时候，在那个审讯室里，他短暂地拥有了那个关于自己是强奸犯和杀人犯的邪恶故事。即使没有对这件事的情景记忆，他也可能认为是自己干的。他的每一次忏悔都获得了及时的回报——当然不是以释放的形式，而是以获得与外界重新接触的机会的形式。没过多久，他就撤回了供词并主张自己是无辜的。

藤斯的堂兄在刑事法庭上被判有罪，后来上诉，被判无罪释放。但是，在一场由藤斯的家人发起的民事诉讼中，他被判有罪。在刑事案件中，有罪的证明必须排除一切合理的怀疑；而在民事案件中，有罪的判定是基于可能性。藤斯的堂兄将挪威政府告上欧洲人权法庭，指控其控诉错误，最终胜诉。但是，真正的凶手仍然逍遥法外！

在这起案件的余波中，挪威警方受到了冰岛的目击者心理学家格维兹永松（Gisli Gudjonsson）的严词谴责。他仔细分析了警方使用的审讯方法，并揭示这位堂兄可能被操纵从而产生了虚假记忆。他还参考了有关目击者心理学的研究论文，包括洛夫特斯的研究工作。

藤斯案的影响远远超出她遇害的那个小岛社区。那时，拉什莱夫正在奥斯陆任凶杀案警探。当得知这位堂兄是迫于诱供和压力才认罪时，媒体也开始调查。警察到底用了什么方法？出了什么问题？

"当媒体采访格维兹永松和英国审讯专家时，我们都理所当然地耸耸肩。他们所说的方法与我们习惯的完全不同。但这让我很好奇。我突然明白有一个学科是自己全然不知的。为什么我以前没有听说过呢？"今天拉什莱夫说。

他当时的工作是对杀人犯和黑帮罪犯进行审讯，目的是让他们招供。当被审讯者即将招供时，警探总会潇洒地拿出一盒纸巾，以唤起犯罪嫌疑人的感触，并同情地触碰他的手臂。

"我们越来越系统地使用身体接触这一招将嫌疑人'推下悬崖'，最终再帮助他减轻良心上的不安。"他告诉我们。

这是赤裸裸的操纵，他如今清楚地认识到了。那时他甚至发展了自己的招牌策略，加上他的个人魅力，使他在职业生涯的早期就成为一名成就斐然的警探。"我对此并不感到自豪。最让我感到羞耻的是，自己是如何对一个犯罪嫌疑人吼叫,说我会回来但他不会知道我什么时候回来。"

今天下午坐在拉什莱夫身边的是他的女儿,她正在缓慢地用着一个5岁孩子的字体写一封信。很难想象这个正耐心而安静地帮助女儿拼写一个很难的单词、看似冷静的人,会对着谋杀案中的犯罪嫌疑人大喊大叫。

围绕藤斯案的压力迫使拉什莱夫作出了一个选择,这将永远地改变挪威的警察和司法体系。他离开工作岗位,到英国利物浦大学参加"调查和司法心理学"项目,学习和研究英国的审讯方法。如今在英国,警察使用一种叫作"调查询问"(investigative interview)的审讯技巧。过去的审讯总是指向认罪,目标是不惜一切代价得到忏悔。如今的审讯是为了从目击者和嫌疑人的记忆中得到尽可能多的信息,无论它们是否指向有罪。这样有望保护来自目击者和嫌疑人的重要证据。

"我们的办法完全是不道德的!"在英国学习期间,拉什莱夫认识到这点并被震惊了。

在攻读博士学位期间,他调查了一起对他影响深远的案件:一起发生在奥斯陆郊外的强奸案。被强奸的女性是唯一的证人,警察们如何获得证据的?

这名女子描述了强奸犯的模样:"男性,大约45岁,1.8米高,有点敦实,有点大腹便便。深棕色短发,前额部分灰白稀疏。牙齿很差,可能缺了几颗。中等肤色,可能是南欧人,也可能是土耳其人。说话断断续续的,不像是挪威人,但他说自己已经在挪威住了10年。"

一张面部合成照被绘制出来并发给国家媒体。警方随后得到了一些消息。这幅画看起来像是一名波斯尼亚裔挪威人,但他否认与强奸案有任何关联。这个女人在一组照片中看到了他的照片。他确实长得像那幅画,一定是他。但她还不能完全确定,所以安排了一个现场行列指认。嫌疑人与其他6名男子一起被带到法庭，他们都是外貌相似的警察或者译员。所有人都知道自己不会被起诉，除了那个波斯尼亚人。因此，他太紧张了，无法按照指示将手臂放在身体两侧并站起来展示自己的侧脸。他显然很像照片中的人，照片人像看起来像嫌疑人合成素描画像，合成素描画像看起来像是那个女人对强奸犯的记忆。

而记忆……你知道的，这就像一个记忆传话游戏。对强奸犯的记忆逐渐变成了对嫌疑人的记忆。这并不意味着这名女性的记忆力很差，或者创伤经历在某种程度上削弱了她的判断力。这就是记忆的工作方式，它是一个活的有机体，总是吸收新的图像元素。当添加新的元素时，它们无缝地潜入原始的记忆，这只有我们的想象力可以做到。此外，我们每个人的面孔记忆能力各有不同。大脑有一个区域专门负责面孔记忆，这意味着它对我们的重要性。有些人需要看好几次才能在下次见面时认出他人。强奸案受害者很可能会清楚地记得强奸犯的面孔。但是，即使一件发生过的创伤性事件被很好地储存在大脑，当我们试图回忆它时，这种记忆也无法摆脱重构的艺术。我们从阿德里安·普拉孔的故事中已经得知这一点。

这名波斯尼亚裔男子在地区法院首次判决中被判有罪，尽管强奸现场发现的男士内裤上有来自非他的DNA的证据。证人的证词在审判中起了很大的作用，她确信他就是那个罪犯。但在上诉法院，他被无罪释放。

此案之所以如此令人心碎，是因为它最终解决的方式。真正强奸犯的DNA后来出现在DNA登记库，作为一个新的杀人案的证据：他杀害了自己的妻子。

"当他成为一个杀人犯时，一名女子失去了生命，一个孩子失去了双亲，我们本可以避免这种情况发生。"拉什莱夫说。

拉什莱夫完成学业后回到挪威，他制定的改革对所有相关人员来说都很艰难。对他的一些同事来说,向英国的新方法过渡是困难的。他们中的很多人不愿意和他说话,也刻意在走廊里回避他。但如今,他已经恢复了与很多人的联系,并且大多数人明白了为什么旧的规则必须废除。

拉什莱夫在利物浦的时光,推动了挪威警察新时代的开始。根据英国的模式,拉什莱夫为挪威适应调查询问审讯方式制定了指导方针。如今,挪威所有的刑事警察都在使用这套方法。他们接受的训练包括短期记忆和长期记忆的基本知识,以及关于虚假记忆形成的脑机制。

他解释说:"不知道记忆是如何工作的结果是,警探们对待证人的证词会像对待确凿证物那样笃信不疑。"

想象一下典型的犯罪系列剧中的谋杀场景。犯罪现场挤满了身穿白色或蓝色工作服、戴口罩的技术人员,他们小心翼翼地四处走动,用镊子夹起证据,装入有标记的袋子里,等着被送去进一步检查分析。拉什莱夫给我们展示了一张画有美丽森林小路的图片,上面覆盖着天鹅绒般的新雪地毯。但在最前面,道路被警戒线封死了。

"证据就在新下的雪下面。你不能随便乱踩。你走的每一步都会留下改变事实的轨迹。这与目击者的证词一样。"他说。我们对证人、供词和刑侦工作的常识大多来自书籍和电视,然而犯罪案件中的记忆材料大部分是有缺陷的。

"犯罪文学无疑助长了关于记忆如何运作的错误观念。例如,证人陈述的事实很少遭到质疑。"霍斯特(Jørn Lier Horst)对我们说。他曾是挪威一名顶级警探,如今是最畅销的犯罪小说作家。他的书已经被译成多种语言,包括英语和日语。2016年4月,他因在著作中对警察工作的真实描述和呈现而获得波兰奖。

目击者心理学在他的犯罪小说《无妄之灾》(*Ordeal*)中扮演了重要

的角色。在这本小说中,他没有用过多的笔墨,就把虚假记忆的事实逐渐呈现在读者面前。那些熟悉目击者心理学文献的人,可以在整本书中找到指向虚假记忆的线索。甚至,调查询问的方法在霍斯特的书里也有重要的一席之地——他学习了由拉什莱夫讲授的一门课程。

"犯罪电影和书籍里使用的审讯方法是完全错误的。在目击者面前表现粗鲁,打断他们说话或威胁他们,这不是警方调查真相的方式。通常在这些故事中,他们犯了现实生活中从不会犯的错误。我们从来不同时询问两个证人。你可以在电视上看到,一对夫妇被召去接受询问,警探和他们一起交流。这永远不会发生。他们必须分别陈述。"霍斯特解释说。

他认为,相对于在犯罪事件中看到的东西,目击者们会惊奇于自己记得的东西如此少。"目击者的记忆不可靠,且经常记错事情。作为一名新警察,我曾经处理过一起被广为报道的谋杀案,有4名目击者描述说看到嫌疑人骑着一辆摩托车。问题在于,所有的描述完全不同。两名目击证人甚至记得那辆车的牌照。事实证明,一名色盲目击者对后来被定罪的那个人的描述是最准确的。"霍斯特说。

目击者心理学家的犯罪现场调查是什么样子的呢?可以肯定的是,他们不会犯斯德哥尔摩警方在2003年犯下的那种错误。当年,瑞典外交部部长林德(Anna Lindh)在一家百货商店被刺死。目击者们立即被领进一间密室,他们坐在一起,等待警察的询问。其中5名目击者称,嫌疑人当时穿着一件军装。这一描述被发送给媒体以及所有机场和过境口岸。

后来,当警方查看监控录像时,发现根本没有穿军装夹克的人出现过。事情是这样的,其中一名目击者篡改了自己的记忆——当然不是故意的——声称"看到"了一件军装夹克,可能是因为她把军装夹克与暴力联系在了一起。随后,她在密室里和其他目击者谈了这件事,因此她的错误扩大了。

如今,当目击者被传唤时,警察会**根据**记忆的基本规律行事,而不是违反这些规律。他们试图避免帮助错误潜入目击者的证词。首先,他们与目击者建立良好的关系,因为记忆在压力下会变得很差。"想象一下,你在公寓里跑来跑去,因为找不到钱包而倍感焦虑的情景。"拉什莱夫指出。

他强调,警探的率真和正直是与目击者建立良好关系的先决条件,可以使他们不焦虑。当目击者知晓询问将如何进行时,他们会更加放松。他们必须信任警探,并准备好敞开心扉。然后,由他们自己做重要的工作:描述发生了什么。如果可能的话,大多数事件应该在没有外界介入的情况下,用他们自己的话描述经历。

不提引导性的问题,没有纸巾盒的使用,只有预先规划的暂停,有一个可预测的框架。当目击者想不起其他事情时,警探可以使用促进回忆的技巧。相对于其他实验,最重要的是我们从潜水员实验中学到的:当你第一次经历某件事时,所处的环境会唤起更多的回忆。目击者被要求在现场进行描述,因为这样可能会有更多的细节浮出水面。

"我们会查看当天的新闻和天气情况。也许发生过什么可以帮助目击者回忆起这一天发生的事情,比如某位滑雪者赢得了金牌,或者当天的天气很不寻常。"

后续的问题需要措辞谨慎,这样才不会有新的信息潜入目击者的记忆。所有的东西都被记录在胶片上,之后可供其他人细看。这样的方法,标准且完全透明。

虽然拉什莱夫曾经表现得像个恃强凌弱的记忆操纵者,但如今他坐在挪威人权中心的办公室里,原因是他选择不为自己的行为辩护。相反,他好奇地看待那些针对警察(包括他自己)的批评。他可能已经完善了自己使用的方法,但这些方法大都没有经受住审视,因此必须用更科学的方法来代替。洛夫特斯在20世纪70年代的研究成果直到90年代才被挪威警方知晓,但今天挪威在人权友好型调查方法方面走在了世界的前列,这主要归功于拉什莱夫和马格努森的贡献。

改革审讯技术有助于我们维护人权,避免给无辜者定罪。同时,这也确保在重要的目击者信息已经丢失的情况下,真正的凶手不会逍遥法外。

几年来,拉什莱文和他的好友兼同事厄格兰(Ole Jakob Øglænd),与无辜的犯罪嫌疑人约翰内森(Stein Inge Johannessen)一起开展巡回演讲,讲述谋杀案调查中的错误,以及他们本应如何避免错误的发生。作为主要嫌疑人,曾经的瘾君子约翰内森因旧审讯方式遭受沉重压力,并被拘留9个月。错误的目击者证词是警方强烈保持对他的怀疑的原因之一。但就在案件开庭的前几天,真正的凶手自首了。这次巡回演讲让三人得以向人们展示调查应该如何进行。约翰内森后来去世了,但拉什莱文仍然在学校里、在社会上向记者和调查人员讲述人权及调查方法,包括调查询问法。在审讯布雷维克期间,他还是一名专家顾问。

最近,拉什莱文前往日内瓦,进行了他职业生涯中最重要的一次演讲。他在联合国人权理事会谈自己的方法,这些方法如何使用以及为什么重要。他说的每句话都是同步翻译的,这样那些不懂英语的人也可以通过耳机听懂他的演讲。因此,他关于记忆、人权、目击者心理学和真相的信息传遍了全球。

尽管如此,真相是什么?我们怎么才能信任记忆能提供真相呢?正如我们反复提到的那样,记忆是可重构的,并且我们的记忆都存在错误和缺陷。因为所有的记忆都可能出错,所以真实记忆和虚假记忆间的区别不在于后者包含错误,而在于错误有多严重。想象一下你播放一张披头士乐队的唱片,听到的却是滚石乐队演唱的《昨日》(Yesterday),而不是披头士乐队演唱的《满足》(Satisfaction)。虚假记忆意味着错误的音轨已经潜入了你的唱片。

"除非有客观证据支持,否则我们永远无法百分之百确定一段记忆的真假。我们只能生活在这种模糊状态,确保尽可能多做有助记忆的工作,避免犯我们所知的可能误导记忆的错误。法庭审判总是依赖目击者的回忆,我们的任务就是确保记忆尽可能接近事实。"洛夫特斯说。

第五章

出租车司机实验与国际象棋比赛：你的记忆力能有多好

"你好像很吃惊。"看着我惊讶的表情，他微笑着说。

"既然我知道了，我就尽力把它忘掉。"

"把它忘掉！"

"你看，"他解释道，"我认为，大脑原本就像一座空空的阁楼，你得选择家具，把楼阁装饰起来。"

——柯南·道尔（Arthur Conan Doyle），

《血字的研究》（*A Study in Scarlet*）

当你乘坐飞机到达伦敦，从上空俯瞰这座城市，你会发现它的建筑物已经蔓延到了远方。波光粼粼的泰晤士河看起来就像急躁的孩子乱扔在地板上的缎带。从公元50年至今，伦敦已有近2000年的历史，这座城市随着时代的变迁在不断地发展壮大。诞生于各个世纪的街道和地标建筑，教堂、尖塔、监狱、宫殿、医院、博物馆，纵横交错在这片土地上，使得整个城市显得杂乱无章。有着500年历史、地面已变得斑驳的酒馆，与玻璃和钢筋混凝土建成的现代建筑交相辉映。最初的伦敦是由几个相互独立的村庄组成，随着各自的逐渐发展，最终形成一座具有复杂结构的城市，所以这座城市不止有一个中心，而是有很多个。很多街道会出现奇怪的变化，比如有些道路会突然消失或连接着胡同。在伦敦拍摄的很多动作电影常常出现由汽车追逐变成跑步追逐的剧情，或主角跳下围墙，转身就遇到狭窄的胡同。这些并不只偶然发生在电影里。英国的心脏——伦敦，它的建筑物就像一堆没有经过分门别类的糖果，被安插在密密麻麻杂乱无章的街道里——这简直是城市规划师的噩梦。在这样的情况下，怎么可能真正了解伦敦的诸多街道呢？

前章提到过的马圭尔，以伦敦市出租车司机为研究对象进行了许多出色的研究，并因此声名鹊起。伦敦市出租车司机获得驾驶出租车的资格之前，必须通过一项考试。这项考试要求他们在没有地图和GPS导航的情况下，掌握约25 000条街道的名字和位置，320条不规则的路线布局，以及各种地标建筑物。通过出租车司机和普通人员的对比研究，马圭尔发现出租车司机的大脑与常人大脑不同。这项研究结果使得人们从一个崭新的视角看待出租车司机。谁能想到在方向盘后面的司机身上竟然隐藏着如此惊人的脑科学秘密？

"让我们惊讶的是，我们发现出租车司机大脑海马的后部显著大于普通人的。"马圭尔说。

伦敦的街道就像一个复杂的迷宫，众多的小巷巧妙地贯穿历史悠久的建筑物，别具一格的城市布局使其成为训练空间记忆的绝佳场地。当马圭尔坐在办公室思考究竟选择什么样的研究对象时，成千上万的记忆高手正驾驶着他们的出租车穿梭于整个伦敦市区，从她窗外经过。灵光一闪，她突然想到了他们。如果没有伦敦复杂的城市布局和严格的出租车司机资格认证测试，马圭尔就不会成为世界上首屈一指的记忆研究专家。

那么，出租车司机成为记忆高手的关键是什么呢？英国出租车司机往往需要花数年时间才能通过出租车司机资格认证考试。许多人必须先从事一份全职的其他职业，才能拥有住在伦敦的经济基础。另外，他们必须把所有的空闲时间都花在学习记忆伦敦的道路布局及道路两边的建筑物上。你可以看到许多人开着贴有"L"标志(表示司机是学员)的车穿梭于城市的大街小巷,有些人甚至带着地图、骑着轻便的摩托车,以便研究他们走过的每一条街道。

"17年前,当我学习这些'知识'的时候,伦敦有400多条路线。"一个名叫朱迪(Judy)的出租车司机非常自豪地告诉我们,她的语气中夹杂着对现在考试过于简单的蔑视。她那时花了2年10个月的时间来学习这些"知识",并且付出了极大的努力才通过出租车司机资格认证考试。

"我是为数不多的几名女司机之一,常常需要一个人独自去学习和记忆那些街道。"她说。但她拒绝放弃,即使考试过程中考官用尽一切办法对考生施加压力。想成为世界最大城市之一的出租车司机,就必须能够承受这些压力。

作为一名出租车司机,朱迪必须通晓各个环岛和红绿灯路口,她也必须在把乘客送到正确地址的同时,保证目的地在乘客的左手边,这样他们就不用穿过马路到街道对侧去。同时,她还需要记住那些不断更新换代的商店名字和层出不穷的闹市,及时关注交通公告和实时路况。如果伦敦出租车司机选择绕道,这可能是因为司机知道原本最快的那条路线当天路况不好。

马圭尔等人给了朱迪一项艰巨的任务。他们要求朱迪开车从布卢姆斯伯里前往3千米外的"短街"。这条街位于南岸,只有两个街区那么长,非常不起眼,看起来比大多数街道更难想起。一开始,朱迪以为马圭尔等人要去的地方是伦敦塔附近的那条短街,但后来她发现搞错了。

"等一下,我知道了。"她描述了位于某条街道上的剧院、酒吧和百货商店,并表示沿着那条街就可以到达马圭尔想去的短街。"我能画出那条街。"

当她开车带马圭尔等人穿过这座城市,驶向那条破旧的街道时,他们都笑了,认为她可能走错了,但至少行进方向是正确的。然而,就像朱迪描述的那样,在经过小剧院、酒吧和商店之后,大家确实到达了目的地。

"我的大脑能够寻找路边比较感兴趣的景点进行记忆,这就是我导航的方式。如果我打算去某个地方,我能够想象出它的路线,它就呈现在我面前。"她说。换句话说,朱迪能够在大脑记忆库里搜寻与目的地有关的景点,当她回忆那些景点时,大脑就能构建出前往目的地的整个区域地图。

"现在,人们认为互联网正在取代大脑成为记忆的主要存储库,然而,在书刚被发明的时候大家不也说过类似的话吗?"马圭尔说,"我们一直在运用大脑进行记忆。即使我们可以利用GPS进行自动导航,我们仍然需要大脑的记忆库帮助我们在诸如医院这些大型建筑物群里找到正确的路线。而且,出租车司机作出的选择往往比GPS自动导航作出的更快、更好。"

马圭尔哀叹自己的空间记忆就非常糟糕,她有时会在离议会中心只有几个街区的地方迷路,甚至不得不寻求路人帮助。这不可能是因为她缺乏户外行走的经验,她一年内出差的次数几乎和国家元首出差的次数一样多。

马圭尔的研究小组对出租车司机的大脑进行了一系列实验,研究结果中令人瞩目的部分是,第一次明确地证明学习可以影响大脑。这项研究为她赢得了一项搞笑诺贝尔奖,因为她"发现了出租车司机的大脑比其他同城居民大脑发达的证据"。马圭尔去了哈佛大学接受这个奖项,这是一个小奖牌,据说里面有一颗纳米金块。她在回国后把纳米金块奖牌放在大腿上,奖牌不小心掉在了办公室地板上,后来有可能被真空吸尘器给吸走了。尽管如此,伦敦出租车司机还是感到很自豪,因为有科学证据表明他们拥有卓越的大脑,这也许稍微提升了一点他们的职业自豪感。众所周知,他们的职业自豪感早已相当高了。

然而,马圭尔的这项研究并不十分严谨,它引出了许多新的问题。她的研究认为,出租车司机在经过高强度的空间记忆训练后,海马后部会变得更大。但这真能证明大脑具可塑性吗,真有证据表明大脑发生变化了吗?情况是否是因为那些人海马后部天生就较大所以更适合成为出租车司机?为了得到更确切的答案,马圭尔和她的团队进行了更深入的研究。这一次,他们从出租车司机第一天参加培训就开始跟踪,直到他们通过考试,在训练开始前和结束后测量他们的大脑尺寸和记忆能力。这一次,研究者们清楚地证明,训练的确引起了海马的改变。在训练开始前,出租车司机的海马与普通人群的海马大小几乎一样。然而,在经历了多年的轻便摩托车的狂奔努力之后,出租车司机的海马后部显著变大。这足以证明,我们的大脑是可以被训练的。此外,这项研究还发现,大脑的改变只发生在那些成功通过考试的人身上。很明显,训练的效果也会影响大脑变化的程度,这为大脑可被训练提供了额外的证据。值得注意的是,没有通过考试的原因是多种多样的。有些人放弃,是因为他们无法忍受多年的低收入,或者无法把所有的业余时间都花在训练上。有些人是因为一些家庭原因无法接受足够的培训。另一种难以验证的可能性是,成功的出租车司机可能拥有一种与生俱来的优势,即他们的大脑比别人具有更大的可塑性。我们依然不清楚决定训练成功与否的因素是什么,基因、大脑特殊的生长因子、饮食,还是其他不知名原因?

"我们现在知道的是,即使我们变老了,大脑也从未停止改变和调整,以适应我们的记忆需求。"马圭尔说。

马圭尔的研究工作不仅为延缓大脑衰老带来了希望,对治疗因外伤、癫痫、早期痴呆等造成的大脑障碍,也具有一定启示。

此外，在针对大脑特定部位的功能进行训练时需要注意一个小问题：以颅骨作为边界的大脑，其空间资源是有限的，大脑没有无限生长的可能性，所以记忆训练不会给任何人带来一个巨大的脑袋。实际上，从伦敦出租车司机的案例来看，记忆训练对大脑某一区域的影响似乎是以牺牲其他脑区为代价的。

马圭尔告诉我们："伦敦出租车司机的海马后部变大的同时，相邻的海马前部变小了。"这导致司机在一些视觉记忆任务中的操作表现变得差。马圭尔等人对伦敦出租车司机和大众对照组受试者进行了一项绘画测试，考察他们对复杂图形的识记能力，发现出租车司机的成绩显著差于对照组受试者。"这就好像他们的大脑资源优先用于处理空间记忆，这在某种程度上损害了其他方面的记忆功能。"她说。

那么，大脑是如何随着经验而改变的呢？

到目前为止，训练改变大脑的内在机制仍然是个谜。当我们举重时，我们确信肌细胞会发生变化，因为我们的肌肉会变大。但是，我们无法看到大脑中发生的如此直观的变化。当马圭尔说她可以看到出租车司机大脑的不同之处时，她并不能像观看举重运动员肌肉膨胀那样直接观察到大脑的变化。相对于整个大脑，出租车司机大脑的变化是非常小的，只能在经过训练和没经过训练的人们之间进行对比才能看出。然而，大脑的灰质确实有增长现象。是什么导致了这种增长变化呢？勒莫对兔子大脑海马的研究表明，每一段记忆的产生都会引起海马数千神经元之间突触连接的改变。那么，这些变化是否会导致海马变大呢？

研究表明，长时程增强，即神经元之间信号传输效率增强的现象，与神经元的物理变化有关。神经元从幼稚到成熟的生长发育过程中，它们之间的信号传递效率会越来越高，在这一过程中接收信息的神经元可以通过增加受体数量来进一步增强信息传递的效率。长久以来，我们认为这是大脑记忆发育和成熟的全部过程。直到最近,我们才认识到,人脑在20多岁才发育完全。出生时,我们的大脑就已经拥有一**千亿个左右的神经元**了!从一个人出生到死亡,神经元一个接着一个慢慢地消失。因此,大脑神经元的损失一直是我们关注的重点。但是,就像鸣禽的大脑某些区域在成年期具有神经元再生现象一样,我们在成年人大脑内也发现了新生的神经元。

科学家发现,某些动物的大脑特定区域的干细胞可以产生新的神经元。在人的大脑中,也有两个脑区发生类似情况:海马和嗅球(专门处理气味信息的脑区)。我们感兴趣的是负责记忆的海马的新生神经元。这些新生神经元究竟有何意义,是不是为了获得更好的空间储存记忆?记忆储存功能涉及大脑皮层的多个区域,但海马在协调各种信息并将其整合成完整记忆的过程中扮演着至关重要的角色。

海马的新生神经元在成为记忆存储的载体之前,会经历一系列的变化。它们必须在已有的海马神经网络内部建立连接,并与其他网络建立有意义的连接,否则它们就会成为孤立的存在,就像离开宇宙飞船独自在太空漂流的宇航员一样。探究新生神经元如何整合进已有神经网络是非常困难的。迄今为止,研究人员尚未真正观察到人脑新生神经元如何与其他神经元建立连接并最终参与激活记忆痕迹这一过程。

即使是大鼠的大脑中,这个过程也非常复杂,但检测大鼠大脑新生神经元的活动要比检测人脑神经元的活动容易。在大鼠试图穿越水迷宫的实验中,研究人员成功地测量了大鼠脑中新生神经元的活动。新生神经元形成4周之后,便开始与已有神经元在活动上同步起来,意味着它们已与现有的记忆网络建立了连接。也许,新生神经元有一个特殊的作用:它作为某个记忆的独特标签,使这个记忆能够从其他众多类似信息中脱颖而出。

伦敦出租车司机具有极强的职业自豪感,也非常热爱自己的工作,因此很少在还能开车之时辞职。当他们的出租车司机职业生涯结束，他们开始享受愉快的退休生活。之后，他们大脑海马也会慢慢回到正常对照水平。他们花费整个职业生涯练就和维持的卓越技能将不复存在。

"我们招募的受试者还不够充足，他们从来不会选择主动辞职。因此，我们无法得到非常明确的结论。"马圭尔叹气，"但我们目前的研究结果表明，英国出租车司机退休后大脑将恢复到普通人水平。"

就像在极其复杂的迷宫里穿梭的实验鼠一样，伦敦出租车司机也一直穿梭在迷宫一般复杂的城市街道上。就像这些实验鼠，出租车司机在回忆空间位置时，他们的网格细胞和位置细胞也会被激活。但到目前为止，还没有谁在出租车司机大脑深处植入微小电极来观察这种情况的发生，甚至连一直站在脑科学研究最前沿的梅-布里泰·莫瑟尔和爱德华·莫瑟尔也没有做过类似的研究。

爱德华·莫瑟尔说："不难想象，出租车司机海马一定也有覆盖很大范围（例如伦敦）的网格细胞，但我们没有合适的方法来研究它们。"

极端的学习可以产生极端的记忆。大脑甚至可以出现非常明显的改变。但出租车司机并不是唯一能够促进记忆发展的职业。职业棋手也花费了大量时间专注于棋盘策略，这意味着棋手们可能也具有很好的记忆力。

国际象棋特级大师西蒙·阿格德斯泰因（Simen Agdestein）曾是现任世界冠军马格努斯·卡尔森（Magnus Carlsen）的教练，他把一生大部分时间都用在了国际象棋比赛上。在他挪威精英体育学院的办公室里，他向我们展示如何准备一场象棋比赛。他可以通过一个统计程序看到其他棋手的经典运棋，并找出对战的方法。这是一个关于记忆、赛前准备及发现对手弱点的比赛。

他说："在过去，我们常常研究的是年鉴，里面全是以往国际象棋比赛的复盘。"他从书架上拿出了一些书向我们展示其中的案例。他漫不经心地翻看着这些书,就像魔术师在洗牌。它们可不是夏日海滩上的轻松读物,而是无穷无尽的国际象棋走法,"A57-1.d4 Nf6 2.c4 c5 3.d5 b5",如此等等。

他说:"我现在什么都记不清了,但我以前对这些书的内容烂熟于心。"现在他训练着未来的国际象棋人才。

年轻的国际象棋选手们每天都在名为"马格努斯·卡尔森室"的教室里进行训练,这里看起来就像是世界冠军的圣地。墙上挂满了卡尔森从小时候到年纪轻轻就获得世界冠军的照片。我们在幕帘后布置了7个棋盘,摆出7个国际象棋对弈中局,大概包含21—24步棋。其中,4张棋盘的布局与过去的著名比赛类似,包括卡尔森与阿南德(Viswanathan Anand)的一场对战赛——这场著名的比赛卡尔森赢得了世界冠军,其他三个棋盘的棋是随机摆的。在这三个随机摆的棋盘上,我们从某个知名布局开始,通过抽签决定下一步怎么走,最终布局完全被打乱,呈现出一个无序的局面。在其中一个棋盘上,两个"王"并肩而立,这在国际象棋中是不可能发生的;在另一棋盘上,一个"兵"莫名其妙地越过对手的象,站在了敌军的后方。

我们要求4名国际象棋冠军在观察棋盘5秒后,重新摆出他们所看到的棋盘布局。他们能同等地记住所有的棋盘布局吗?或者说,他们记忆那些随机、混乱的棋盘布局要比记忆那些熟悉的、合乎逻辑的、真实经典的布局更加困难吗?要知道,这项测试只给了受试者5秒时间,差不多等同于我们打开家里大门或给自己倒一杯水的时间。

每个棋盘上都有20多枚棋子。他们怎样才能记住这么多棋子呢?我们的研究表明,棋手可以发展出对下棋的直觉记忆,前人在20世纪40年代首次在荷兰象棋大师身上开展过类似实验。通过无数的比赛训练,棋手们学会了落子位置、知名开局及经典走法。他们可以快速识别随机混乱的棋子布局,过去的比赛经验根深蒂固地保存在他们的记忆中。他们的专业知识使得他们比普通大众能更快地吸收和理解所看到的东西,而且他们更容易回忆起5秒内看到的棋盘。

实验的第一位受试者是雅利安·塔里(Aryan Tari),挪威最伟大的国际象棋天才之一。这位腼腆的少年,最近成了世界上第四年轻的国际象棋大师。在参与完我们的实验之后,他还拿到了世界青年国际象棋赛冠军。他在第一块棋盘上摸索了一会儿,这是一个经典的棋盘布局,他开始只正确地复原了6枚棋子,但后来他记起了全部。他最好的成绩是复原卡尔森对战阿南德的棋局,他正确复原了16枚棋子。这是一场所有挪威棋手都仔细研究过的赛局,他知道棋子的每一步落位。但在无序的棋盘布局上,他最多只能正确复原7枚棋子。

在20世纪40年代的那个实验中,最优秀的棋手正确地复原了24枚棋子。1973年,这个实验在英格兰得到重复,有一位大师平均复原了真实棋盘中的16枚棋子。

国际象棋大师奥尔加·多尔日科娃(Olga Dolzhikova)和西蒙·阿格德斯泰因也参加了这个测试。奥尔加复原棋盘的最好成绩也是16枚,但她有时把黑色"车"放在黑色"后"的位置,或者把黑色"兵"放在黑色"马"的位置。在她的记忆里,棋子有黑与白的区别。她常常能准确地记得每一个位置上棋子的颜色,但并不总是能准确记住是哪枚棋子。

她解释说:"我通常先观察棋盘的中线位置。所有的行棋都从这里开始。"这也是她能正确复原大部分棋子的区域,越靠近棋盘边缘,她的记忆越发地模糊和不准确。

当教练西蒙·阿格德斯泰因进行这项测试时,他将注意力完全放在面前的棋盘上。在规定的5秒内,他目光快速扫过整个棋盘。然后,他两手执棋,手像在巨大油画布上作画一样流畅地在棋盘上方舞动,迅速地复原整个棋盘。当他退后一步检查结果时,发现只有少数几枚棋子放错了。他成功复原了20枚棋子。然而,在复原混乱无序的棋盘时,他同样地只成功复原出了6枚棋子。

他说:"这没道理啊。"他皱着眉头,用手上的"兵"挠着头,看上去对自己的表现很不高兴。

在接下来的测试中,他开始非常随意地摆放棋子。他的自信已经完全消失了。不过,他依然能够成功地复原真实的棋局。当然,他也认出了卡尔森对战阿南德的棋局,作为卡尔森的前教练,他在这场比赛进行时进行了非常专业的点评,媒体对他进行了采访。他在"后"到底放在d1还是e1位置迟疑了很长时间,最后把"后"摆放在了错误的e1位置上。这是他在这棋盘复原过程中唯一出错的地方。他成功复原了23枚棋中的22枚。

"我原以为'后'可能在d1处,但后来看上去不太合逻辑。所以,我将它放在了错误的e1处。当然,也可能之前有一些别的情形,"他冲棋盘右边挥了挥手说,"导致'后'最后被放在了d1处。"

奥尔加在无序棋盘的复原测试中的得分最高,10分是她最好的成绩。

"我记得是因为这太不合逻辑了。每一个不合逻辑的摆放位置都深深地刻在我的脑海里。我认为棋手在记忆上是有天然优势的,即使在无序棋盘的复原上也一样。在我的大脑里,每一件事情都与棋盘位置有关,不管是合理还是不合理的,我都可以利用棋盘进行记忆。在我的教育学博士论文中,我发现,下棋的人比其他人具有更好的短期记忆,我认为这是因为我们一直在思考事物之间的关系。我们看出了事物之间的联系。"她指出。

对于那些不会下棋的普通大众来说,所有棋盘看起来都是一样的,但对专业棋手来说,那些不合理、无逻辑的棋盘马上就会被认出。对西蒙来说,不合逻辑的棋盘是一片混沌的。当他遇到第一个无序的棋盘时，他试着在脑海里拍下棋盘的快照，但那根本不起作用。他的下一个策略是试着只记住几枚棋子，这样他至少可以正确地摆放出几枚棋子。

对奥尔加和西蒙来说，不合逻辑的棋盘布局和真实的国际象棋布局在大脑里的存储方式大不相同。

"看到真实棋盘布局时，我好像昏昏欲睡了几秒钟，什么都不记得。但随后，我脑海出现了一幅整块棋盘的画面，就像走出了一片迷雾。而对于无序的棋盘，我什么印象都没有留下，没有图像。我所能做的就是尽可能地记住个别棋子的位置。"奥尔加说，西蒙也点头表示同意。

"但如果你现在再对我们进行测试，我们仍然可以完美地复原真实棋盘的布局。"西蒙说，"它们现在仍然储存在我的脑海里，在今天接下来的每一分每一秒我都能想起它们。"

唯一还没接受测试的是世界上最活跃的棋手之一，挪威排名第二的哈默(Jon Ludvig Hammer)。当我们测试他的时候，游戏就变味了，我们面临了挑战：实验者突然变成了受试者。

但现在，让我们先了解记忆的最大容量，以及那些记忆力较好的人是如何记忆的。我们知道，有些职业是记忆力差的人无法从事的。

布洛库斯(Marie Blokhus)是挪威歌剧院的著名演员，她女扮男装扮演莎士比亚(William Shakespeare)著名悲剧《哈姆雷特》(Hamlet)中的男主人公。这出戏有很多重要的独白，很多需要背诵的台词，很多长长一段台词都是主人公的独白。

布洛库斯描述她扮演这个角色的状态就像一个蓝色的漩涡。是的，她是这么解释的。她好像与记忆超人所罗门·谢里谢夫斯基一样，有一种非常强烈的通感特质。她听到声音就会同时感知它的颜色和形状。当一辆装满道具的手推车从我们身边经过时，布洛库斯说它会发出一种棕色的声音，形状像一条卷起来的蛇。突然声音变成了黄色或绿色，好像钉子敲击黑板时发出的那种"有趣的、尖尖的、黄色的声音"。

音乐倾向于变成复杂的几何形状，戏剧和诗歌也能唤起复杂的形状和颜色。对布洛库斯来说，整个《哈姆雷特》就像是一个蓝色的漩涡，她就是这样记住她扮演的角色的。

"也许蓝色来自大海、天空和大自然的孤寂，我不确定。但是表演中大部分内容都与那种感觉有关，然后其他的颜色和图案又构成了某个具体场景。蓝色是基本色调，一切都从那儿开始。但记住角色远没有**忘记**角色困难。"她说。

每天晚上，她会站在舞台上，思考和领悟这部戏剧中她以前从未感受过的事情。她希望像观众一样，永远保持对这部剧的新鲜度。她不想像机器人一样日复一日地机械地重复台词。

"我必须敞开心扉来面对舞台上发生的一切，否则就会显得不真实。我在表演时，展现出真实的自己和我内心强烈的孤独感，虽然这些在演出时可能被哈姆雷特（Hamlet）的特质掩盖了。这些台词就是我的一部分，我在排练时经常来回踱步，让那些台词成为我身体的一部分。当我在台上时，我必须相信，那些台词就在我身体的某个地方。"她说。

经过专业训练，她学会了多种分析剧本和角色的技巧，但她没有使用任何纯粹的记忆技巧。她把她扮演的角色放在心理学家的沙发上，描述角色的童年记忆；她钻研剧本中的隐喻和背景环境。有许多方法可以用于理解一个角色及一部戏剧的复杂潜台词，其中一种被广泛运用的是查伯克（Ivana Chubbuck）创建的十二步法，这种方法在好莱坞演员中很流行，布洛库斯也使用这种方法。这种方法的要点是，在整个剧本中寻找动机，同时在每一个单独事件中寻找动机。这是一种有利于记忆的方法，因为它遵循了记忆的主要原则：在生活中我们理解一件事，总是要将事件与我们的某个目标或愿望联系起来。这种方法主要是为角色创造一个背景故事、编造一些会在角色脑海闪现的内心独白，从而充实这个角色。演员这样做，目的是更好地理解他们的角色，更真实地表达角色的感情。神经心理学家将其归类为一种深层编码形式，通过这种方式，记忆最终被整合成一个强大的网络。但是，对布洛库斯来说，最终是通过颜色和形状把剧情联系在一起。作为一个演员，她的通感能力对她来说是一个非常有用的工具。

"我之所以记得这个角色，是因为我进入了角色的情感深处，通过我的情感来面对和处理剧情冲突，而这些剧情冲突多少也有我自己生活的影子。颜色和形状表达了我的情感，也帮助我记住台词。"布洛库斯说。

对于一个外行来说，能记住需要几个小时才能演完的剧本是难以置信的。还有更难的吗？如果你不得不在复杂音乐背景下演完长达数个小时的剧目，那该怎么办？

魏瑟尔（Johannes Weisser）是一名歌剧演员，他的工作就是记住长达三小时的剧本，有时用的还是母语以外的语言。台词记忆功底不好的歌剧演员很快就会失业。

"除了从艺术和音乐的角度，我没有别的技巧来帮助我记忆。我必须理解我在唱什么，我必须知道每个词的意思，我必须学习音乐中的每一个停顿。当然，导演的指导和音乐也会帮助我。一般来说，诠释音乐比死记硬背更费力。完成一段音乐诠释后，我会用很多'挂钩'来'悬挂'歌词，以便更好记住。"他向我们解释道。他并没有隐瞒这样一个事实：有时为了记住乐谱，他不得不死记硬背。排练时，他会站得离乐谱架越来越远。"当我不再看那些乐谱时，我就知道我已经把它记在心里了。"

他可以随时演唱《唐璜》（*Don Giovanni*）和《女人心》（*Così fan tutte*）。他已经把莫扎特的这两部歌剧演绎得炉火纯青，它们都是长达好几个小时的音乐剧，他只需要在音乐中找到自己所扮演的角色即可。

"最难学的是没有挑战性的或我不太感兴趣的音乐,而难的东西反而简单;那些我不理解的或富有挑战性的音乐对我来说反而相对容易。我遇到的困难是如何形成记忆的引子。例如,我正在演唱歌剧《奥涅金》(Onegin),我很快就发现这部歌剧给我带来了全新的挑战,这让我很开心。每当我纠结于一个角色时,我就得花时间把它理清楚,这在一定程度上也会帮助我记忆。"

这不仅仅是死记硬背。像布洛库斯一样,他将整部作品视为一个整体,试图理解歌剧的内涵,以及音乐是如何组成的。对他来说,每件事都有一定的意义。

魏瑟尔和布洛库斯的经历,与我们对记忆如何运作的理论知识相吻合。歌剧演唱家和演员都用自己的记忆发挥优势。当他们理解了他们唱的或说的,他们就能更好地记住,因为他们创造了记忆网络。将要表演的内容与自己的情感生活联系起来可进一步增强记忆。但是,如果脱离记忆规则的指导,即脱离场景,将会发生什么?如果必须得记住许多细节,而又不能将这些细节与任何的历史或情感联系起来,那该怎么办?

"我认为在知识竞猜领域,人们很少或从不使用记忆技巧。'文雅的知识竞猜者不死记硬背',至少他们是这么说的。职业知识竞猜者以自然形成的记忆为傲。但对竞猜题感兴趣的人会拿着笔记本阅读,并把内容写下。每次我对我读到的东西感到好奇时,我都会去维基百科上查一下,以便以后能记起来。"拉森(Ingrid Sande Larsen)这样说。她曾三次蝉联挪威团体知识竞猜冠军,同时也是挪威知识竞猜协会的主席。

为了参加知识竞猜而临时抱佛脚的问题是,你对所有的事情都只知道一点点。你该从哪里开始补课呢?

"你很难记住不感兴趣的东西。一般来说,竞猜队成员比社会上大多数人更为好奇,对各种事情都感兴趣。"她说。

"我发现,很多我记忆最深刻的事情都发生在我10岁以后,直到高中。"她补充道,"我能在听到一首歌的曲调后就知道我放学后第一次听到它时的确切位置,那时我喜欢谁,东西的气味和味道如何。无论我想或不想,20世纪80年代和90年代的流行歌曲,至今都仍停留在我的脑海里。"

换句话说,她受益于她的自传体记忆。

她现在还清楚地记得之前知识竞猜中回答过的问题。

"2010年,就在英格兰德比举行欧洲杯比赛前夕,我在维基百科查了查谁发明了橄榄球。碰巧的是,我在竞猜中遇到了这个问题,而且我回答对了:威廉·韦伯·艾利斯(William Webb Ellis)。我仍然能清楚地回想起我回答问题时的房间:我坐的地方,以及仿大理石柱子和铜顶灯等细节。"

就像潜水员一样,拉森学到知识的场地成了记忆场景的一部分,这帮助她在未来记住它。

似乎很多依赖记忆生存的人都不使用记忆技巧,也不死记硬背。他们只是对自己正在做的事情充满热情。

记忆技巧真的有用吗?

"当然,如果你有一个好的记忆力,你不需要记忆技巧。"拜(Oddbjørn By)告诉我们。

拜是一位记忆训练大师。他写过几本以记忆为主题的畅销书,还为那些希望提高记忆力的人授课。他是挪威记忆竞技比赛的现任及前任冠军。他参加了10年的世界记忆锦标赛,最好成绩为世界排名第22名。参加锦标赛的选手们需要完成一些他们不可能事先死记硬背的内容,比如现场记忆一长串随机数字,并按正确顺序复述,或者在几秒内记忆一副牌的顺序,并成功复原。

"我很羡慕那些到各个国家越野滑雪的运动员,他们可以和其他人一起在大自然中锻炼,我却一个人坐在室内记忆这些纸上的数字。"他说,"我们所记忆的东西完全没有意义,而且很难找到动力。我已经对那桌纸牌非常厌恶了。"

要记住一整副牌的正确顺序,最好的方法是将52张牌的每张与一个人或一个特定物体联系起来。当两张卡牌按顺序出现时,它们就构成了故事的一部分。桌上的一副牌有数十亿种可能的组合,而快速地把它们串联在一起的故事往往是奇怪的,或者是不可能发生的。每次他从牌面上拿出黑桃8,他的故事里就有了与那张牌相关的人物——萨达姆(Saddam Hussein)。黑桃7代表的是一个奴隶。如果它们一起出现,接下来的问题就是如何以一种有意义的方式将它们联系在一起,最好是作为某种故事再现。

"你永远不知道会发生什么故事。例如,不久前,萨达姆有了一个孩子!"拜告诉我们。

他的记忆技巧不只是适用于记忆比赛。一个更实际的应用是,可以用来帮助失忆症患者改善他们的记忆。人们称之为"人造记忆"或"艺造记忆"。他并不认为自己的记忆力特别好,他只是善于运用记忆技巧。

"有记忆问题的人,倾向于把他们的问题归咎于一些阻碍他们形成记忆的事情,比如不舒服或年纪大了。他们忽略了遗忘其实是一件很正常的事情。"他说。但遗忘总被认为是记忆有缺陷的证据,哪怕我们还有健康而敏捷的大脑。

这就是为什么很多人不愿意使用记忆技巧的原因。他们想向自己证明,即使没有这些技巧他们也能记住,他们的大脑是健康的、正常的。

拜的一些记忆技巧非常普通,比如把东西写下来、拍照,或者把雨伞放在夹克里。毕竟,用你所有的精力去记忆是没有意义的。但是,也有其他不借助外部帮助——电话、日历、笔记本——就能记住东西的方法。这些方法足以让记忆大师在锦标赛中获得令人惊叹的成绩,让记忆看起来几乎是魔术。其中,最著名的是2000年前由罗马演说家发展起来的"位置记忆法"(method of loci)或称"记忆宫殿法",这些方法涉及在你的头脑里沿着一条线路放置需要记忆的内容。

在我们详细介绍位置记忆法之前,让我们先暂时回到伦敦。我们现在给了出租车司机朱迪一个新的任务,这个任务很简单,她甚至可以在睡觉时完成。离开短街后,我们驱车前往泰晤士河边的莎士比亚环球剧院,这是由塔米斯(Thames)依据著名的莎士比亚剧院重建的。很快,朱迪为我们打开了左边的车门,尽管她驾驶着一台记忆驱动的机器,但她不知道她已经用她的黑色出租车把我们送到了文艺复兴时期,送到了最大的记忆机器:剧院。

我们现在与一群来自荷兰、澳大利亚、美国和《哈姆雷特》故乡丹麦的游客一起,站在重建的剧院里。芝加哥慈善家沃纳梅克(Sam Wanamaker)出资建造这座剧院,1997年,他去世4年后,这座剧院才竣工。

这座圆形木制剧院的中心有一个开放的中庭。在16世纪,如果买票价一便士的门票,伦敦的大雨会溅到站在舞台前的人的脸颊上。如果花两便士,人们就可以在画廊里坐下,享受安全和干燥的观剧环境。屋顶覆盖着青苔,洒水系统清晰可见。导游告诉我们,这个带有火警隐患的屋顶结构,是伦敦消防条例破例特许建造的。担心火灾是有充分理由的,建在这片土地上的最初的剧院就是被1613年的一场大火烧毁的。

剧院名字中的"环球"二字是怎么得来的?为什么有人要费心在舞台上方的天花板画上只有演员才能看得到的星座(巨蟹座、双鱼座、金牛座,等等)?上方,他们称之为"天堂",与下方舞台上发生的一切相对应,在那里,甚至魔鬼都会出现。

在今天这个寒冷的日子里,一群孩子在台上高声朗诵莎士比亚的作品。这是一个专门接受大师作品训练的班级。一团白色的雾伴随着他们的话语,在灰色的空气中弥漫开来,飘到欢笑的孩子们的面前,然后慢慢消失了。

他们对文艺复兴时期人们如何看待世界知之甚少。

想象一下,你站在莎士比亚环球剧院,也就是最初的环球剧院的舞台上,表演《哈姆雷特》。有那么一瞬间,你抬头看了一眼天花板。现在,你可以记住你的走位,因为在你的上方有一个助记符系统:一个在蓝色背景上绘制的黄色占星术地图。

确实有人说过,莎士比亚剧院最初就是作为一个大的记忆机器而建造的。早在很久以前,像西塞罗(Cicero)那样的伟大演说家们就发明了位置记忆法,即利用路标帮助人们记住他们想要说的话。他们可以将特定的图像与需要记住的内容一一对应起来,然后将这些图像放置在他们脑海里想象的一条熟悉路径上(例如,通往参议院的道路)。当他们演说的时候,他们就可以在脑海中沿着这条路走下去,很容易地找到下一个演说的要点。文艺复兴时期的思想家卡米洛(Giulio Camillo)根据这种记忆方法,进一步提出了所谓的"记忆剧院",他的记忆宫殿就是一个剧院舞台。文艺复兴时期的炼金术士弗卢德(Robert Fludd)进一步完善了这个方法,他认为剧院与我们的记忆可以建立神奇的联系。他把这个想法扩展到黄道十二宫,把黄道十二宫作为记忆辅助工具,在他看来,人类和宇宙的星座是相连的。只有掌握了记忆艺术,才能成为一个真正的魔术师,拥有控制星座的力量。这个时髦的文艺复兴时代的人站在宇宙的中心,星空之下,通过运用记忆的魔力,改变世界。

"当罗密欧(Romeo)死去的时候,把他还给我吧。"朱丽叶(Juliet)在环球舞台上叹息着,眼睛望着舞台上方画满星座的天花板:

> 把他带走,化作无数星辰,

把夜空装饰得如此美丽，

从此全世界的人都将爱上这黑夜，

不再崇拜那炫目的太阳。

地球与繁星，地球与舞台上方的天花板，这些地方可以帮助演员们记住他们正在表演的歌剧，同时帮助他们与宇宙中所有的神奇力量建立起联系。

现在的人们并不认为位置记忆法有什么神奇魔力，但它仍然是一种非常有用的记忆技巧，主要包含了两个重要的因素。一个是为你的记忆宫殿选择熟悉的地标，另一个是选择特殊的图像来代表你想要记住的东西。利用一个熟悉的地标进行记忆可以节约大脑资源，并非常自然地为需要记住的东西提供一个顺序。例如，想象你从家到学校要走的路（即使是成年人也清楚地记得他们曾经步行去学校的路，尽管距离他们上一次走已经过去很多年了）。你选择一些典型的沿途站点：公共汽车站，沿街的黄房子，十字路口，街角的商店，等等。然后，你将需要记忆的关键字标记在每一站，但是关键字必须被重新加工成一个容易被唤醒的回忆画面，制造一条独一无二的记忆路径。化学元素周期表就是一个很好的例子，首先想象一下放在第一站点的氢原子（构成水的元素）：公交车站被水淹没了！人们抓着公交站牌，坐在自己的雨伞里，把它们当船用。这虽然不太可能，但至少很独特！不要陷入之前小水坑的诱惑，认为它会帮助你联想到氢。有些东西可能与我们需要记住的东西有关，但它们本来就在那里，它们是场景的一部分，只是淡出了背景从而消失了。

下一站是街边的黄房子。在那里，你会发现一个巨大的氦气球依附着房子，几乎把房子从地面上拽起来，这可以让你想到氦。下一站是一个十字路口，在那里你看到一个巨大的锂电池，以至于汽车不得不绕道而行，这可以让你想到锂。记忆宫殿法可以用于记忆许多日常琐事，比如购物清单、教学大纲、家务清单,等等。

"我大约有100个不同的记忆宫殿。当我需要记住不同的东西时,我可以改变记忆的路线以防混淆不同的记忆内容。我最喜欢的记忆宫殿是我哥哥的谷仓。我对它的每一个角落和每一条裂缝都非常清楚。"拜说。

学生时期,他曾利用自己的记忆法做了一件让同学们大为恼火的事。他没有去听过一次课就参加了那门课的期末考试,而且他只花了两天时间就把全部的课程内容记了下来。他的秘密就是使用了位置记忆法。

"我的一个好朋友当时正在学习已经灭绝的宗教,我借用了他井井有条的笔记本,把那些内容存储在脑海的记忆宫殿里,之后成功通过了口试。"他回忆说。他这门课的成绩是B,这让其他人非常恼火。如果一门学科学起来如此简单,为什么有些人要花上几个月的时间去学习它呢?但在12年后的今天,拜已经不太记得多少关于美索不达米亚神话的内容了。此外,当他花费整整一年的时间学习一门历史课时,他的成绩并不是很好。

"我不建议大家以这种肤浅的方式学习一门课程,但记忆宫殿技巧可以与其他更深层次的学习技术相结合。"他说,"如果你碰巧有一些额外时间,而且没有什么特别事情要做,为什么不利用它来学习一些新的东西呢?"

建立一个记忆宫殿,在一开始听起来可能比较困难。但是,它有很多用途,甚至在一些充满压力的情形下也有帮助,例如考试、舞台表演,甚至在舞池起舞时。

"如果你在做一件有意义事情的同时,在脑海对路线进行标记,你会发现这种记忆法的效率很高,甚至只需几毫秒的时间。对于演员和歌剧明星来说,这相当于从剧本中挑选出关键词,围绕关键词组织剧本内容。然后,把关键词放在记忆路径上。你越专业,你需要记住的关键词就越少;理解素材有助于你更好地记住它。如果你对将要学习的内容已经有一些了解,这些记忆技巧会更有效。"

记忆专家有时也要用到记忆技巧。令人印象深刻的所罗门·谢里谢夫斯基也慢慢地开始使用位置记忆法。一开始,他使用自创的记忆法,只是看一看要记住的东西在莫斯科街道上的位置。他不需要描绘出特别清晰的场景,因为没有场景他也能记得很清楚。但有时他会记错一些东西,例如,一段记忆存放在两个灯柱之间的阴影里,他就这么路过,没有注意到应该记住的那个不起眼的小鸡蛋。它已经消失在背景中,因为他的想象太生动了。当这种情况发生时,他意识到他必须更好地组织记忆,沿着记忆路径做好标记。

除了"位置记忆法"之外,还可以使用其他记忆方法。例如,"首字母法"(first-letter rule),你以要记住的每件事情的首字母创建一个单词。你还可以使用"橘子诡计法"(orange trick):当需要记住某些重要的事情时,你在床上放一个橘子,等你回到家看到橘子时,就会想起它为什么在那里。当然,还有"思维导图法"(mind maps)。然后,就是"闪卡法"(flashcards),即将卡片两面标上信息,例如国家的名字放在正面,对应的首都名字放在反面。反复查看这些卡片,把记忆深刻的内容放在一旁,而那些记不太清楚的信息可以反复查看,直到记住为止。

为了使这些方法奏效,你常常需要理解手上掌握的内容。如果你对要记忆的内容一点也不了解,你就无法制作思维导图。使用这些记忆方法的基本目的是更容易学习,它们为学习提供动力。当你能以一种更有利于记忆的方式学习时,死记硬背、填鸭式学习就变得没有必要了。但是,无论你再怎么提高你的记忆技巧,你都无法回避这样一个事实:学习需要一些努力。例如,化学的元素周期表、医学的解剖学名词、植物学的拉丁语名称、数学的公式、语言学的语法规则,等等。在它们成为你的一部分之前,你必须把它们记下来,或者带着它们步入你的记忆宫殿。

"掌握记忆技巧让人感觉良好,对有记忆障碍的人来说也是如此。"拜总结道。

在我们离开之前,他向我们展示了他的成名绝技:记住一长串随机数字。他在这方面的最好成绩是世界排名第九。他让我们随机读出35个数字,每秒钟读一个数字,速度越均匀越好。对于我们这些没拿过记忆冠军的人来说,最常用的做法就是赶在这些数字消失之前在脑中尽可能多地复述数字。我们通常更容易记住那串数字的开始和结尾处的几个数字;人们平均可以记住6—7个数字,这是我们短期记忆的最大储存容量。当我们对拜呈现数字时,他一直是安静的。

这位挪威记忆冠军身体前倾,双手捂住嘴和鼻子,眼睛里流露出陌生的表情。难道他已经把所有的数字都忘了吗?一分钟过去了,两分钟过去了,然后他开始一一列举。第一个数字是正确的。他要求跳过一些数字,留到最后再说。然后,他从记忆中回想起了更多的数字。他就像一个魔术师,从他的大礼帽里拽出一只又一只的"兔子"。他的速度很快,我们很难跟上他。最后,他正确地说出了35个数字中的34个。这几乎就是魔术,是不可能的。但他的方法是把数字成对排列,变成生物的形状,然后把它们放在他的记忆宫殿里。两个接着两个,这些相连的数字变成了他熟悉的行进在路上的斑马与半兽人、人和动物。原则上说,任何人都可以使用这种方法。但如果你想成为世界记忆大师,你平时必须进行大量的练习,并保持高度专注的状态。也许你还需要像运动员一样有一些天赋。像我们这些没有天赋的人,只能成为快乐的业余记忆运动爱好者。

"与记忆打交道改变了我的人生。当我读一本书的时候,我的脑海里就会产生很多图像。这使我看到的事物变得更加形象了。"拜说。

我们在前面章节里提到过的菲耶尔，他与沃尔霍夫（Kristine Walhovd）一起在奥斯陆大学创办了"大脑与认知终生变化研究中心"，开展了许多项目研究。他们的主要研究目标是，揭示生命过程中那些影响记忆的关键因素。

他们的一个项目是对记忆训练的效果开展综合研究，研究对象不包括具有职业技能的出租车司机。相反，他们选择200名记忆衰退的老人开展记忆训练。记忆训练会对这群70岁的老人有效果吗？

"经过10周的记忆训练，70岁老人组的记忆水平显著提高了，而且可以与那些20多岁、没有学过任何记忆技巧的年轻人媲美。"沃尔霍夫告诉我们。老人们在训练过程中得到的东西比我们想象的要多得多。

"那些老人知道自己必须付出努力、认真对待，可能得比年轻人更加努力、认真。"她说。

训练后，他们记忆能力的改善在大脑结构上也有所体现。与马圭尔一样，沃尔霍夫和她的同事们利用磁共振成像仪，对接受训练的老人们的大脑进行了扫描，并发现了显著的变化。不过，尽管我们的大脑的确发生变化，要改善我们的整体记忆仍然是不太可行的，因为记忆训练似乎并没有帮助我们记忆与训练内容无关的东西。

"如果你所做的练习是按顺序记住100个单词，那么你理所当然会擅长按顺序记单词。"沃尔霍夫说。

但是，那些因为大脑损伤而导致记忆力变差的人该怎么办呢？在严重脑损伤后完全恢复记忆是不太可能的，尤其是当海马受到伤害时，或者当大脑受大范围和长期性损伤时。康复的目标通常只是提高患者的日常生活质量。有时，这意味着患者必须借助辅助工具（例如，日程安排表、日记或带提醒功能的日历）、按部就班地实施计划、撰写购物清单、记录消息留言，等等。对于脑损伤患者来说，改善记忆能力可能是一个非常漫长的、有时也可能是令人沮丧的过程。记忆有问题，意味着需要花费大量额外的时间和精力来完成工作和学习新技能。有时,康复训练既是一种积极的记忆训练,也是一种发现自身局限的过程。对于脑损伤患者来说,掌握一定的记忆技巧可以帮助他们重新获得掌控感。

根据马圭尔及沃尔霍夫等人的研究结果,记忆训练并不等同于一般意义上的记忆提高。但是,如果能利用一定的记忆技巧更高效地记忆,这并不会是让人嗤之以鼻的事情。

掌握记忆技巧后,能让大脑更好地利用这些记忆技巧。这是发生在伦敦出租车司机身上的真实事情:他们的空间记忆得到改善,导致海马变大。此外,国际象棋大师比其他人更善于记住国际象棋棋盘上棋子的位置,但仅此而已。

国际象棋大师哈默俯身看向棋盘,然后跳了起来。"你在跟我开玩笑吗?你是在跟我开玩笑吗?"他笑着说,惊讶不已,"下次,你一定要事先提醒我一下!"

这就像我们把一杯变质的牛奶放在他鼻子底下一样,反应是如此强烈。我们已经给他看了一张无序的、不合理的棋盘。他立刻看出了端倪,他摸索了一会儿后,随即把两枚棋子放在正确位置上,他被我们展示的混乱棋盘震惊了,不知所措。但当他进入下一张无序的棋盘时,他制定了一个策略——专注于有限数量的棋子。他在最后的一张棋盘复盘任务中得了9分。

面对真实的棋局,他最多会犯4—5个错误。卡尔森对战阿南德的棋局完美无瑕,哈默只观察了5秒,就成功复原了所有棋子。

就在这样短暂的时间内:我们念完"阿南德、中村光(Hikaru Nakamura)、卡斯帕罗夫(Garry Kasparov)"等国际象棋大师的名字,在海水里瞥见一只海马,于伦敦某个十字路口决定左转,经过拜的精神谷仓……

哈默已经记住了棋盘上的所有棋子及它们的位置，以及这盘棋是什么样的棋局。真是太棒了！

但是在某些棋盘上，有些棋子确实会被放置在错误的位置，毕竟他只有5秒钟的时间去记忆。哈默拒绝离开，他仍然坐在那里。当他第一次不能成功复盘整个棋局时，他显然受到了打击，并且要求重新来一次。

"我打算复原4个真实的棋局，这次我将把它们全部都摆对。当然，我不会多看一眼棋盘。"他表示。

我们意识到我们无法阻止他做这件事。

这次，他摆得很快。当1号棋盘复盘完成时，他没有停下来，也没有把棋盘上的棋子拿下来。他只是在继续摆棋，就仿佛在恍惚中，像棋的灵媒，通灵"王"和"后"。他在4张棋盘上放了96枚棋子，除了一枚"兵"外，其余的棋子都放置对了。

"这些'兵'构成了基本的框架，我在它们周围建造一切。我从'兵'开始，有逻辑地摆放棋盘。"他解释道。他的记忆策略没能唤醒我们关于奥尔加的记忆策略，后者专注中间的那排棋子。

哈默是一名全职的专业棋手。他每天能花上10—12个小时练习国际象棋，因为这是他的工作。他研读过西蒙·阿格德斯泰因的所有书。他早已把所有进攻和反击的招式塞进了大脑，在比赛时，这些招式随时可以调用。但随着比赛的深入，当他感到疲劳时，记忆会发生紊乱。

"有时，我会忘记自己在使用什么战略，因为与此同时我一直在努力思考另一种战略。"他表示。而且，受工作记忆所限，他没办法记忆那么多东西，仅仅去洗手间的那点时间就能让他失去思路。

哈默盯着他的最后一张棋盘。他的手掠过一枚白方的"兵"，他把那枚"兵"拿了起来，又把它放下了。

"这里少了一枚棋子。"他说,"你第一次给我看棋盘的时候它不在那儿。这里应该有一枚'兵'保护着'马'。现在整个棋盘上的棋子以一种奇怪的方式摆放,变得完全没有防卫能力。"

我们再次检查了一遍棋盘。结果是,我们确实忘了在c2位置摆放一枚白方的"兵",从而导致比赛风向完全转变:被将死了!

第六章

大象的墓地：遗忘的艺术

> 我站在浪涛呼啸的海岸上，
> 手中握着些许金色的沙粒：
> 所剩无几啊！然而它们还是从我的指缝落入深海，
> 我哭泣，我哭泣！
> 上帝啊！我就不能紧紧攥住它们吗？
> 上帝啊！我就不能使其中一粒远离无情的波涛吗？
> 难道我们所见到的、所感受到的，只是一场梦中之梦？
>
> ——爱伦·坡，
> 《梦中之梦》(*A Dream Within a Dream*)

1879年，柏林。这座城市杰出的公民们沿着施普雷河散步。沿着菩提树大街，他们坐在户外咖啡店中，享受着温暖的阳光和盛开着花朵的菩提树。他们重新整理着装和礼帽，呼吸着春天的气味：满街的马粪味及新鲜出炉的椒盐脆饼干味。树荫遮蔽着大地。

此时，这些柏林的资产阶级坐在树荫下，感叹着："多么美好的时光啊！""我想知道这种特别的记忆是否余生都会与我相伴。一年、五年，甚至是二十年后，当我回首，我还会记得起微风吹动着的菩提树吗？这一幕我将会遗忘多少？"

此时,柏林大学的一间实验室里,一位孤独的研究者即将开始一项开创性的实验。他将尝试历史上从未有人尝试的一些事情。他并不是要征服一座大山,发明灯泡,或者去月球旅行。没有人将在高中历史课本上读到他打算做的事。但是,在心理学的历史上,他将被誉为伟大的英雄,因为他涉足了别人从未涉足的领域。因为他为"遗忘"这件极其平凡的事付出了巨大的努力,艾宾豪斯(Hermann Ebbinghaus)将永远被记住。当柏林那些上层阶级在春日的暖阳中漫步于河边时,艾宾豪斯用一些无意义的字节填充着他的记忆。BOS-DIT-YEK-DAT,他紧张地学习着这些字节并测试自己,一小时又一小时,一天又一天,直到他能够正确复述出每张列表上 25 个这样的字节。当艾宾豪斯的生活在柏林大学之外展开时,他让自己沉浸在这些字节里。他选择学习一些无意义的字母组合,因为它们是完全自由的,不受情感、思想和生活的干扰。他在学完的 20 分钟、1 小时、9 小时、1 天、2 天、6 天以及 31 天后,测试自己还能记住多少。

他想知道自己遗忘得有多快,就这么简单。当然,在心理学界以外,这似乎并不是什么值得庆祝的成就。我们能够在南极插上一面旗子,但我们不能对"遗忘"做同样的事——我们无法发现它,或者宣称"快看,在这里!"拥有惊人记忆力的所罗门·谢里谢夫斯基能够超常地记住长列表中的单词和数字,并以此谋生、赢得喝彩,但并没有人愿意花上 5 美分去看艾宾豪斯站在台上"遗忘"。可以肯定地说,他从事的是一项极其乏味的工作。尽管表面上看,他所做的并不特别激动人心,但确实相当轰动。心理学是一个崭新的研究领域,之前没有人像这样研究过记忆。迄今为止,测量思想依旧是无人能想象的事情。但是,艾宾豪斯作出的伟大贡献迫使科学界必须认真对待。

记录遗忘是一件要求很严苛的任务。艾宾豪斯不想受任何随机因素影响,所以他在自己身上做所有的实验——不过,说真的,其他人会同意做这项工作吗？因此，他相信他能够完全控制所有的变量。这意味着他还必须控制自己的个人生活，任何轰动的记忆都不会影响他客观、科学地构建记忆模块。经过几年关于记忆和遗忘的紧张的或许可以说是苦行僧般的研究工作后，艾宾豪斯出版了他的专著《论记忆》（Über das Gedächtnis）。直到1885年，记忆（以及遗忘）一直属于哲学、文学艺术和炼金术的领域，从未受到科学家的关注。然后怎样呢，我们真的是在测量一个正在消失的记忆吗？

如果说艾宾豪斯在学习后一段时间（例如一天后）还能记得列表中一半的无意义单词，那其余的单词都被忘记了吗？是的，此时一些单词被遗忘，并且这种差异是可以被测量的，这被称为"遗忘"。但这对艾宾豪斯来说完全不够。可能是这些单词依旧储存在大脑中，只是获取它们的通路被削弱，以至于他不能如愿地读出这些单词；也可能是，大脑深处残留的记忆痕迹像湿布上的水一样已经被拧干。

他笃定地说："我们当然不能直接观察到它们的存在，但可以通过我们对确切事情所掌握的知识来揭示它们，就像我们可以推断出地平线下有群星存在一样。"

他选择从另一个角度探索遗忘：如果他已经忘记一张列表里的无意义单词，他需要多长时间去重新学习它们？在每一次新的学习任务中，他记录了自己重新记住这张列表需要重复学习多少次，或者需要多少秒时间。如果这张列表已经完全被忘记，以至于没有剩下任何一个被强化的突触，那么重新学习这张列表大约会像第一次学习这张列表一样，花费同样多的时间。但凡他还记得一些，重新学习就不会花费那么长的时间。以这种方法，他计算出遗忘发生的自然过程，并且发现，我们的记忆在学习后第一个小时内消失得最快。一天后，大部分记忆已经从脑海消失，但遗忘的速度大大降低。所以，一个月后，我们只比一周之后忘记的少那么一点点。他的研究引出了今天我们所说的"遗忘曲线"：开始时快速下降，然后缓慢减少。

从未有过任何研究人员像艾宾豪斯那样，以高度奉献精神，暴露自己的弱点——他的健忘，为人类造福。几年来，他一页页地写着他所遗忘的内容，并用表格和数字来追踪遗忘，为心理学作出了巨大贡献。或许，他更喜欢在柏林街道上享受春日的暖阳，与朋友一起啜饮咖啡，沿着河流闲庭信步。但他从实验开始起就没有写过任何关于自己记忆的东西——除了他努力以最小化保留对自己有意义的经历，以服务于科学事业。

他所证明的是，当记忆与我们自己毫不相关，或不被在乎时，记忆就会逐渐枯竭。但他无法确切理解**是什么**扰乱了我们的大脑。正如我们之前所说的，记忆痕迹的存在直到20世纪60年代才由勒莫所证实。记忆痕迹可能会随时间而减弱。好像除非我们不断练习和巩固知识，直到它在我们记忆中变得非常牢固，否则神经元参与的记忆最终会回到初始的状态。这也许是一件好事，它使大脑有空间去接受新的记忆。艾宾豪斯揭示了另一件事：新的经历进入记忆后，大脑迅速开始进行整理工作。这也可能是记忆的一个实用性特质：早早清理比稍后再清理要更好。而且，大脑应该很早就清楚一段经历是否足够重要，是否需要存储起来。当艾宾豪斯通过测定学习过程来研究遗忘时，他也很清楚遗忘与记忆是密切相关的，它们如同一枚硬币的两面。

如果我们不会遗忘，那么我们大脑的储存空间将会被填满（尽管存在所罗门·谢里谢夫斯基那样的记忆超人）。对我们大多数人来说，一些记忆不得不清除，为了让新的记忆或是更重要的记忆有储存空间。

威廉·詹姆斯在1890年指出："如果我们记住了所有的事情，大多数情况下我们就会像什么都没记住一样地难受。对我们来说，回忆一件事情花费的时间与最初忘却这件事情花费的时间一样地长。我们永远不能超越自己的思维。"

遗忘依然是我们所害怕的事情。遗忘意味着老去，记忆的衰退和短暂是死亡的象征。当时光流逝，我们无法记住事情，这意味着我们不知不觉地离生命终点又靠近了一步。

这就是为什么身为博客写手兼作家的艾达·杰克逊从12岁起就开始写日记。"这似乎很有帮助，也因此我遗忘的事情很少。如果翻看某个特定日子的日记，然后发现那一天我和朋友共进晚餐，即使我没有记下任何细节，我也会想起关于那次晚餐更多的事情。"艾达是一个记忆收集者，她害怕死亡会让那些美好的时刻永远消失。

一般来说，遗忘提醒我们，我们并非一切尽在掌控之中。毕竟，忘记约会、朋友生日、电话号码及每天经历是不明智的，忘记别人的姓名会让自己感到尴尬。但是，遗忘比强迫症更加常见，缺乏睡眠或精疲力竭就足以导致遗忘发生，所以它很少作为痴呆或早期阿尔茨海默病的症状。

即使我们的大脑完美地运转，大多数人还是会忘记不想忘记的事。我们会忘记别人的名字，是因为通常名字与那个人之间没有逻辑联系。1000年前的维京人，以身体特征或性格来命名是很常见的事情。如今还在沿用的一些常见挪威名，最初的意思是"荒唐的"或"快速旋转"，适用于那些比平常人更加精力充沛的人。一些姓氏，像"史密斯"，最初是描述一种职业。然而，现今的姓名通常是随机的标签，与特定人之间没有任何线索可寻。只有通过重复和联想，才能在我们的记忆中把姓名和具体的人联系在一起。

我们会忘记他人的面孔，是因为这很复杂，并且很难被描述出来。大脑皮层专门负责面部特征感知和记忆的一小块区域通过快速加工我们所遇到的面孔，帮助我们在社交领域导航。但是，像其他大脑功能一样，这并不能完美地运作。当我们第一次认出一张脸时，我们不一定记得它是谁。我们经常忘记是在哪里认识一些人的，因为我们第一次见到他们的时候，最初放置他们的记忆网络没有被激活。

　　面孔、姓名、约会、电话号码、姐姐的生日或是一份过期的账单，所有这些日常的遗忘从何而来？遗忘，并不只是记忆痕迹消失的过程。遗忘会发生在记忆的所有阶段：编码、储存和读取。通常，经历从来不会自己走入记忆。为了到达记忆储存和巩固阶段，经历首先需要经过筛选。

　　第一道屏障或门槛就是注意力。魔术师和扒手擅长利用注意力，因为他们知道注意力一次只能集中在一件事上。当你在看地图时，小偷会凑到你面前来问路，而他的手会在你不注意的情况下伸进你的包里。

　　1970年，挪威的一位电台记者，在大街上叫住行人，并在镜头前询问他们一些无意义的问题。当采访进行到一半时，会有人搬着一块巨大的木板，从记者和被访问者中间穿过。当被访问者看不到记者时，面戴獠牙或头戴王冠的喜剧演员柯克瓦(Trond Kirkvaag)迅速替换记者。被访问者似乎没有注意到任何改变，其中一位被访问者甚至还指出记者所提出问题的错误，尽管提问的人早就被替换。当然，这是一个电视喜剧节目，但它揭示了一个真相：如果你正在接受电台采访，你的注意力就是在你面前的话筒上。当所有的肾上腺素在你体内奔流时，你甚至不会注意到采访你的人突然被替代了。

　　大约20年后，哈佛大学研究员西蒙斯(Daniel Simons)做了一个类似的实验，这使他后来在心理学界声名鹊起，并为他赢得了搞笑诺贝尔奖。他拍了一部电影，如果你习惯了好莱坞的电影，那这部电影可能是世界上最无聊的电影。影片中6个人在传递一个篮球，观看影片的人被要求去数一数影片中穿白衣服的人传球的次数。观看电影的人中有一半自信地报告穿白衣服的人传了15次球，当他们被问及是否看见一只大猩猩时，他们坚称并没有看见。不过，如果你看了这部影片，你会发现一个穿着大猩猩服装的人在传球的人中间缓慢地踱步，并且停下来拍打胸膛，高调旋转，然后从左边离去。我们的注意力就像照相机的镜头，焦点之外的一切都是模糊的，都成了背景。我们很难把这种事情称作遗忘，这种经历只是通过一串短暂感官刺激影响了我们的大脑，但不会被大脑其他功能区注意到。

第二个阻碍持久记忆形成的是工作记忆，也就是短时记忆。它可能是记忆最薄弱的环节，也是最关键的一个环节。短时记忆的储存空间有限，只能停留很短的时间，大约20秒。亨利·莫莱森（科学史上最著名的失忆者）仍然有工作记忆，只要他与话题之间存在某种意义上的联系，他就能保持对话。他一走神，谈话就结束了。这是亨利记忆功能中的健康部分，但他的记忆不会深入到长期记忆。更常发生的是，我们的经历最终如同亨利的短期记忆，逃避了进一步的存储。

心理学教授巴德利在苏格兰海岸进行那次著名的潜水实验的同时，他已经开始**另一个**研究项目。正是这个项目使他成为心理学界的巨人，并引起了从未有过的轰动。他试图理解此时此地脆弱易逝的记忆发生了什么。

20世纪60年代，巴德利曾在英国邮政总局工作，为邮政编码创建了一套便于记忆的系统。不幸的是，这个系统从未被采用。但是，如何使我们能将随机数字记住，并快速地写在信封上，这给巴德利提出了许多问题，激发了他与同事希奇（Graham Hitch）对短期记忆开展进一步研究的兴趣。

短期记忆很容易理解。我们要么短暂地记得一件事，要么在很长的一段时间内依然记得它。在20世纪50年代，研究人员发现短期记忆一次可以容纳7个单位的信息。他们称之为"神奇数字7"（后来修改为不太引人注目的"神奇数字7，加上或减去2"，这是考虑到个体差异性）。但巴德利和他的同事很快就发现，短期记忆要复杂得多，它是一个活跃的过程——**工作**记忆，而不是一个神奇的容器。他们还发现，工作记忆系统包含几个存储区，每个存储区都有自己的特点：语言信息、图像、生活情景，甚至可能还有更多层次；每个存储区都与嗅觉、味觉和触觉等感觉功能有关联。

巴德利和我们分享道：“我记得我们最早的一个实验，它引导我们建立了工作记忆的模型，这个课题在过去40年里一直占据着我的脑海。”

“我们让志愿者们记住5个发音相似的单词序列，例如man、cat、mat、can和hat，然后我们将他们的成绩与记忆发音不相似的单词序列（例如pit、day、hen、pot和bun）时的成绩进行比较。结果发现，两者之间存在明显的差别：发音不相似的单词序列产生的答案的正确率高达90%，而发音相似的单词序列回答正确率只有10%。”

他们发现，工作记忆对口语有一个独立的存储区，被称作"语音回路"（尝试在读完本章之前记住它！），它唯一任务就是存储语言单元。他说：“这是工作记忆的一部分，它使我们能够学习一门外语。”

我们的耳朵接收到新的、尚未被理解的单词，我们的大脑皮层将其解释为语言声音，并将其传递到语音回路，在那里它们被自动地保持几秒钟。从那里开始，这些声音可以被复述，形成一个回路（一个自动的过程，但也可以是自愿的过程）。如果我们试图花足够长的时间去复述它们，它们就会留在我们的记忆中，我们就可以说我们学到了新的东西。我们从老师、配偶、电话里的客户或电视广告那儿听到的东西都会进入语音环路，争夺空间。人们常说，信息可以一只耳朵进另一只耳朵出，这正是对工作记忆的恰当描述。这是我们的意识流被暂时捕捉和保留的地方，是我们向内心展示见闻之处。

视觉信息由我们工作记忆的另一部分处理，这两个系统可以相互独立地工作。“遗憾的是，之前关于工作记忆视觉部分的研究较少，”巴德利说道,"尽管目前这是一个非常活跃的研究领域。"

巴德利的一些实验表明,当受试者同时接受视觉刺激和单词时,与他们同时看多个单词相比较,他们对单词的记忆能力受到的干扰较小。换句话说,我们可以在记忆不受牵累的情况下同时处理多种类型的信息。一切都由一个"中枢执行系统"来处理,它将注意力转移到需要的地方,防止意识漂移,并使不需要的信息排除在工作记忆之外。

在巴德利对工作记忆开展研究的40年里,新的发现修订了"此时此地"记忆(即工作记忆)的运作模型。在这个模型中,最新添加的内容之一是"情景缓冲器",它在我们的注意力、记忆和思想之间起着中介作用,将信息从长期记忆库提取出来,于此时此地呈现在我们眼前。

"你可以把它想象成一个电视屏幕,思想、记忆和图像在那里向我们展示。"巴德利解释道,"这台被动的显示器进行着多维展示,这个展示已经在大脑其他地方被准备好,然后被投射到该显示器上。"

在幕后,大脑忙着为屏幕上的展示作准备。工作记忆是我们思考问题、解决问题、进行计算的地方。这也是我们内心深处表现出记忆的地方。

工作记忆模型对于理解某些事情为什么从来没有进入我们的记忆是很有帮助的。工作记忆的遗忘与长期记忆的遗忘完全不同。

工作记忆是用来短时间地保存信息的,它只提供临时存储。它就像是单位的邮件架,员工们应该在那里取走今天的邮件,以便腾出空间接收新的邮件。唯一不同的是,在这个架子上,如果你没有及时拿走你的邮件,有人会把它扔出去。以这种方式"遗忘"是正常的,这也正是人类大脑的自然操作。

巴德利提醒我们:"遗忘是记忆很重要的一个方面,它帮助我们了解什么是重要的。"

遗忘对于记忆是如此重要,以至于我们几乎把它视为理所当然。

尽管储存新记忆的能力完全正常,但仍有许多人抱怨自己记忆力差,他们只是工作记忆自然筛选的受害者。这种情况对于患有注意缺陷多动障碍(ADHD)的人来说更糟糕,注意力缺陷使得他们很难专注于某件事情,因而没有足够长的时间来存储它们。

当其他想法占据工作记忆空间时,我们经常会忘记一些事情。担心和忧虑就是典型的例子,它们总是随情绪起舞,哭喊着要引起注意。这就是为什么它们会直接进入我们的工作记忆。

举个例子:你正在准备考试,你害怕不及格。你试图专攻海洋生态系统。这是一个艰难的内心斗争,因为你处在很担忧的状态,你的担忧堵塞了你的工作记忆!浮游生物的生命周期与你对考试失利的担忧正在竞争着:"万一我没通过考试,我就不得不重修这门课,我将损失一半奖学金,暑假就去不了希腊,我将不得不找一份暑期兼职,我会变成穷光蛋,我找不到工作,我的父母会担心和唠叨,我的朋友会认为我是个失败者,然后我不能跟他们一起去希腊!"此时,有多少浮游生物不得不靠边站,从而为你的这些担忧腾出空间呢?浮游生物消失在脑海,即使你一开始就对浮游生物、对海洋生态系统和气候危机充满热情,现在它们也被冲进了大海,飘到你远远够不到的地方。

当我们第一次记不住别人的名字时,工作记忆可能是罪魁祸首(也许第二和第三次也是)。当我们握手时,我们本应记住的那个名字与我们脑海中闪过的所有其他想法相竞争:我们身上的装束,我们握手的力度,我们握手后的谈话。我们很多人都担心,如果不马上记住对方的名字会显得不礼貌。然而,这实际上可能是对对方感兴趣的表现。在最初的握手和随后的几分钟里,占据我们工作记忆的不是对方的名字,而是对方的个性和他所代表的意义。

即使那些记忆力极好的人,有时也会屈服于工作记忆的失败。与大多数人相比,挪威记忆冠军拜的遗忘有着完全不同的标准。如果他只忘记了其中一个数字,而这个数字应该是按正确的顺序记住的,那该怎么办?这简直是一场灾难!在2009年世界记忆锦标赛期间,他处于巅峰状态。然而,坐在他旁边的另一位选手,一位喉咙感染的中国记忆大师,在大声咳嗽。他在嘈杂的咖啡馆里训练,能够应对噪声,但比赛当日紧张占了优势,中国选手在第37个数字后的一声咳嗽决定了他的命运。尽管他只漏掉了一个数字,即第38个数字,但在满分100分的情况下,他得到了37分,这是他一生中最令人失望的分数。

然而,当我们从记忆中检索一些东西时,另一种形式的遗忘变得明显起来。为了记忆,我们通常依靠线索来获得准确的记忆。它们使我们有可能找到正确的记忆网络,并把这张特定的记忆渔网拉回来并牢牢抓住。有时线索会混淆。有时,我们抓住了网络中看起来类似的其他东西,这些东西偷走了我们的线索。这有点像使用搜索引擎:我们必须输入正确的搜索词,才能在我们的记忆中找到相关的信息;当搜索结果出现时,我们必须在众多候选词条中选择我们想要的那个。

记忆家所罗门·谢里谢夫斯基能够记住大量无意义的数字和单词,而且几乎不忘。然而,他仍然有一个记忆问题:他担心他原先记住的内容会干扰他表演时需要记住其他事情的能力。换句话说,他害怕记住那些错误的单词列表!虽然每次演出时,他都会把黑板上观众写下的单词列表擦干净,但这些单词几乎仍然永久地侵蚀着所罗门的大脑。他反复尝试忘却那张单词列表,可他越努力尝试,反而记得越牢固。他的解决办法就是,想象这些单词都在他脑海的一张纸上,再把这张纸揉成一团,丢进垃圾桶里。我们不确定这是否真的能使他忘记,但至少它标记了那张数字列表,把那张列表与他试图在舞台上、在众目睽睽之下复述的新的数字列表分离开来。具有讽刺意义的是,他需要用自己惊人的记忆来帮助他遗忘。

忘记人名和信息是一回事,所有的生活小经历像沙子一般从指缝间流走则是另一回事。记住生活中重要的事情才是要紧的,不是吗?如果,花一大笔钱去度假,而事后我们什么都不记得,又有什么意义呢?遗忘就像朋友一样,帮助我们在所有事物中筛选出精彩片段,从记忆项链上找寻到珍珠。我们生活中的大部分经历都消失。那些我们等待公交车的时光,去商场的路上,沙发上度过的午后时光,都不应该留在我们的记忆中。遗忘甚至触及记忆中最闪亮的珍珠,留下的只是一个轮廓,剩下的就是重构。这就是我们记忆何以能保持灵活的原因。

我们每个人在童年之后都会经历最普遍的遗忘,这也是对我们个人记忆影响最大的遗忘。研究人员称之为"童年遗忘症"(或"婴儿期遗忘")。

我们大多数人都有一个界限,介于3—5岁,它标志着我们记忆中的生命的开始。有些人能记得更早时候的事情,大约从2岁开始的事情;有些人则只记得7岁之后的事情。人们对这界限之前的记忆,是完全空白的。我们只能通过亲人得知我们1岁时候的故事。为什么我们会是这样,为什么我们会忘记童年早期的生活?那个界限如何在确切的年龄出现?这些仍然是一个谜,研究人员已经与之展开了一个多世纪的斗争。只要我们对自己的意识进行哲学思考,谜一样的人类就可能陷入沉思。是的,毕竟这是记忆中普遍存在的明显缺口。

关于这点有很多理论。它和语言的发展有什么关系吗? 20世纪80—90年代,许多人认为,童年遗忘症可能是由于儿童缺乏向父母和自己表达经历的语言,这使得他们无法将自己的记忆与词语联系起来。这个假设的前提是,当语言发展到一定程度时,我们才有可能记住东西。但是,在拥有语言技能之前,那些刚刚学会把单词串成句子的孩子,已经能够告诉我们他们生命早期发生的事情。所以,这一假设也许是错误的。也许当我们的语言技能达到一定的成熟水平时,我们的记忆就会开始重组?是不是所有的东西都被打乱并挪到新的语言书架和抽屉里去了呢？记忆是故事，合适的故事为记忆提供结构，对吧？但这也不是真的，因为在语言重组之前和之后，记忆的特征会明显不同。

直到20世纪，这个问题才开始以正确的方式被提出。从另一个角度，你可以问：我们童年记忆是在什么时候首次**消失**，成为童年遗忘症的一部分？而在此之前，人们是在猜测，作为成年人，我们是如何回忆童年的。然而，这并不是我们能找到答案的地方。随着我们的成长，我们的记忆经历了太多的事情，一个成年人的观察力在理解小孩子的记忆方面是有用的。

亚特兰大埃默里大学的心理学教授鲍尔（Patricia Bauer）建立了一间儿童记忆实验室，这个实验室自豪地拥有绰号"埃默里记忆"。鲍尔想要追踪儿童记忆的自然过程，这需要付出耐心和努力。为了实现目标，她必须使孩子们的记忆标准化，以便在不同年龄之间进行比较。当孩子们来到实验室时，研究人员会分给他们一套家里没有的玩具，并向他们展示这些玩具是如何操作的。几个月后，当孩子们回到实验室时，如果还记得上次来到实验室的情景，他们通常会开始玩同样的玩具。这样，研究人员就不需要孩子们说他们记住了什么，因为他们会直接展示出来。随着年龄的增长，他们的记忆可以通过他们叙述的内容来测量。

随着时间的推移，鲍尔完成了许多儿童记忆追踪研究。从一个记忆开始那一刻，她观察记忆的维持及变化，直到看到童年遗忘症的边界。她发现，记忆不会在孩子4岁时突然消失。仔细想想，这是显而易见的。我们知道，3岁的孩子可以在半年后讲出关于他们暑假的事情。即使2岁的小孩也可以用他们有限的词汇去讲述几个月前发生的事。童年遗忘症并不只是突然出现在一个4岁的孩子身上，他仍能记起一年前发生的事情。鲍尔发现，4岁后的几年里，儿童仍可以记起将在童年遗忘症中消失的记忆，之后这记忆逐渐消失。为了理解这个过程，我们需要研究在2岁、3岁、4岁时形成的记忆的寿命。2岁时形成的记忆比3岁时形成的记忆维持时间更短。似乎我们最早的记忆是有保质期的，它们很容易腐烂，并且迅速降解。随着孩子的长大，他们记忆的保质期变得更长。最后，随着他们逐渐成熟，他们的记忆力几乎达到了罐头食品的无限保质期。事后看来，童年遗忘症发生时间与记忆进入成年持久性时间几乎接近。在这个年龄之前形成的记忆变得越来越弱；到9岁左右，大多数孩子的童年记忆完全消失。语言重组记忆理论不能解释为什么一个6岁孩子能生动描述的记忆在他9岁时就消失了。但是语言确实有一些影响。鲍尔发现，父母与孩子谈论他们儿时的经历与这些记忆的持久程度之间有着明显的联系。父母一遍遍讲述孩子小时候的趣闻轶事，使之变成孩子生活故事的一部分，从而帮助他们构建记忆。

"所有你希望你的孩子记住的事情，你都必须要跟他反复讲述。"脑科学家沃尔霍夫说，"作为父母，我们当然会强化孩子们对积极经历的记忆。"

这就是父母帮助他们的孩子记住一个美好童年的秘诀。

"他们说拥有一个快乐的童年永远都不晚。这在很大程度上取决于你如何衡量孩子生活中的事件。"沃尔霍夫补充说。

我们能够回忆多早的童年记忆，不同的人有很大差异。有些无疑是真实经历的一瞥：明亮的闪光、声音，通常还有某种情绪。一些人声称，他们对2岁之前的事情有着清晰的记忆。许多人通过照片或从家人那里听到的故事来追溯自己的童年生活。我们的记忆重构过程把这些故事和场景带入生活，即使最初的记忆已无迹可寻。这样，一个"虚假"的记忆由一个"真实"的经历创造出来。这种记忆重构在生命早期可能就已出现，并与我们共存，感觉起来就像"真实"记忆一样。年复一年，我们很容易忘记我们听过的趣事逸闻。倾听过程并不像故事本身那样令人难忘。如果你的母亲告诉你,你2岁时(你现在5岁)参加过一次家庭旅行,那么你很可能会生动地描绘那次旅行的场景,想起被重构的记忆,但不记得那是你母亲告诉你的,你母亲也很可能忘记她对你讲过这故事。这样,重构就会不知不觉地潜入我们的童年记忆。人们通常坚称,他们的童年记忆不可能源于其他人的描述或者旧照片。对此,我们无话可说。

让我们从大脑皮层开始潜入位于颞叶内部的海马吧。它能解开童年遗忘症之谜吗?有一种理论认为,海马在幼儿期还不够成熟,不足以永久地巩固记忆。因为它不仅需要生长和发育,还需要大脑皮层建立神经网络,这一过程与大脑皮层的快速生长发育是同时发生的。大脑皮层这种混乱的局面有可能导致记忆存储的安全性降低,等到大脑皮层内部一切安顿就绪后才会得到解决。

一些更新的、更轰动的理论着眼于海马发育的其他方面,这些理论更具推测性。一些人声称,我们所知道的位置细胞和网格细胞是我们空间记忆的核心。直到孩子独立行走之前,这些细胞都无法描绘环境,甚至孩子能够独立行走之后也不行,因为这个系统的"校正"工作还需要一些时间才能完成。还有一些人推测,答案在于那些被称为"围神经元网络"的蛋白微观层,它逐渐包裹神经元、轴突和突触。这个带有细孔的蛋白质网络保护着神经元之间的联系,使记忆更容易"黏附"在上面。人的一生中,会有越来越多的这种网络添加到大脑中。不利的一面是,随着围神经元网络的固化,我们的思维模式也变得僵硬。我们最初的记忆无法像现在这样清晰,因为围神经元网络还没有发育成熟。然而,迄今为止,这项研究只是在大鼠和小鼠中开展。

在童年晚期和成年早期,我们大多数人都拥有明显的个人记忆。正如我们认为的那样,这些记忆优先收集回忆中的经历:许多重要的、新颖的、令人兴奋的、悲伤的和变革性的经历,都会成为我们个人自传体记忆的一部分。虽然记忆似乎令人印象深刻，但不可否认的是，它与遗忘相伴而生。有时，随着时光的流逝，日子就像滑入了黑洞。我们有可能阻止这一切发生吗？难道我们不能避免那些微小的生活体验被遗忘吞没吗？回想一下过去的6个月：或许一开始只有一个模糊的轮廓，不时地被假期、生日和旅行打断。然后，虚拟地展示着最重要、最特别的事件，一切都被缩短、压缩。空气都被挤压出来，就像你把衣服紧紧地卷入随身行李包以避免额外的运费一样。

如果你与自然遗忘作斗争，会发生什么？如果你努力记住生活中每个独一无二的时刻，将会怎么样？记忆的展示队列能否更长一些？能否给遗忘的黑洞盖上盖子，运用记忆术记住所有重要的事情？

这种想法如此荒谬，以至于**必须**进行检验。所以，我俩中的一人开始尝试与遗忘作斗争。在几个月内，我们采访了记忆研究人员、演员和棋手，但我们两人都用自己的方法来记住这些事件。我们中的一个服从于遗忘的自然本性，另一个则尝试把每一天发生的事情按顺序牢牢记住，坚持100天。

我们，本书的作者，邀请你到我们的记忆剧院观看我们简短的表演。我们将为脱口秀节目搭建舞台。希尔德扮演脱口秀节目主持人，于尔娃扮演主要嘉宾，她将向观众讲述她如何模仿艾宾豪斯100天，并在自己身上进行实验的故事。

灯光亮起，掌声响起。

希尔德：你一直在自己身上做实验！你希望通过记忆连续100天的生活经历和事件达到什么目的？

于尔娃：我想，如果能回忆起一年当中这么长一段时间中的事，那该有多棒啊！这几乎就像一个档案馆。但最重要的是，我希望能够记住更多那些神奇的日常时刻。通过记忆每天的主要事件，我希望它们会像记忆网络的联结一样锁定着。这将会是巨大的收获。

希尔德：但是100天啊！这会有很多的日常时刻！你具体是怎么做到的？

于尔娃：一开始我写日记，但这并没有用。我知道这对于艾达·杰克逊是有效的，可能她有很好的记忆力。但我没有。我几乎不记得上周我做了什么，即使我把它写下来。所以，我想可以像拜那样，每天想象一个壮观的画面。拜以正确顺序记忆一副纸牌（共52张）的方法，是将每张纸牌想象成一张独特的图像。我一个月只需要31张图像，每天一张。这个想法花了一些时间，因为在记忆研究中从来没有人这样做过。人们已经记住了一副扑克牌和一张元素周期表，但从来没有人记住自己100天的生活经历。

希尔德：一些研究人员认为，抑郁的人应该努力记住生活中的积极时刻。不过，因为他们很难记住这些时刻，而且他们的记忆通常很笼统，所以他们可以使用记忆宫殿法来记住好东西。你是这个意思吗？

于尔娃：不完全是。记住过去的情景并保持它，这些都是关于记忆事件所用到的位置记忆法（即记忆宫殿法），在那里你把每个图像沿一定的路径放置。但我并没有使用这种方法，因为我脑内的图像已经根据日期标定好顺序了。所以，我会绘制一个有意义的图像，将它与某一个日期联系起来。我只是在操纵我的记忆；我几乎是在创造虚假的记忆。例如，一个月的第一天是路灯柱，因为它与数字1类似，并且是一个独特的物体。然后，我把它放在我的记忆中，即使那一天我在现实生活中并没有遇到路灯柱。

希尔德：那么，是不是有一群人和事件在你的路灯柱周围晃荡呢？这只是每个月的第一天，而你记住了100天，所以不止一个第一天。你是怎样区分它们的呢？

于尔娃：我也会利用我真实的记忆，从一些相关事件中获得帮助。我们都记得3月对拉什莱夫的采访，它与那个月的其他事件有某种联系。我想象着会议室里的一头大象，这表示现在已经是这个月的第十一天了。但我还记得3月发生的其他事情，并且能够以此作为导航，即使我还要追踪另外两头大象。当然，我还有第四只偷偷溜进来的大象。那天是5月11日，实验实际上已经结束了。我在埃克伯格公园里慢跑，被奥斯陆美丽的落日深深地迷住，犹如爱德华·蒙克(Edvard Munch)名画《呐喊》(The Scream)所描绘的景象。我希望我能永远记住这个景象！然后，树顶不知从什么地方冒出一头大象。我的意思是——尽量**不要**去想象它真的是一头大象！这是不可能的。

希尔德：那也许不是你想要记住的美丽而富有诗意的时刻！所以你通过在记忆中放置一个生动的图像来回忆你的日子。比如天鹅、莱娅公主(Princess Leia)和老虎。这些图像没有明显的意义，不是吗？

于尔娃：我将每个月的日子与图像按一定逻辑联系在一起。第四天是莱娅公主，因为我喜欢《星球大战》(Star Wars)，而且有一句著名的双关语台词"愿第四天与你同在"，正基于"愿原力与你同在"*。

希尔德：这些图像不会扰乱记忆吗？

于尔娃：这就是记忆重构的本质。每当我回想时，都会有

---

* 英语中第四天(the forth)与原力(the force)谐音。——译者

更多的结构层次。一层是记忆内容本身,另一层是想象的世界,那里有天鹅和大象。记忆也有语义成分,例如,当我们采访拉什莱夫,他的女儿坐在我们身边时发生了什么。其他情节也可与记忆粘连,比如在去他那里的路上遇到了我的朋友格罗(Gro)。不过,我们为什么要谈论这100天以来我所记得的一切呢?我们应该谈谈遗忘!

希尔德:我只是在想所有的这些记忆……也许它更多的是关于遗忘而不是记住。

于尔娃:你是什么意思?

希尔德:我的意思是,记住所有的这些东西,你不会觉得有点累吗?难道你不希望自己能像往常一样忘掉很多事情吗?

于尔娃:嗯……是的,这听起来确实很疯狂:"哦,不!我不记得3月3日了,我把3月3日弄丢了!"慌张得像是发现口袋里的钱包丢了一样。我以为记住这么多就意味着我控制了我的记忆,但结局也许相反,是记忆控制了我。对我来说显而易见的是,遗忘对日常生活是多么重要,尤其是当你与记住一切的狂躁作斗争的时候。通常,如果我不记得了某天,我一点也不会在意,但突然间,它变得如此重要。

希尔德:既然你突然能记住这么多东西,你对时间的概念有所改变吗?

于尔娃:它使我的生活更加结构化。既然我可以按顺序记住100天,那就像是我捕捉到了人生的一个系列,把它从短暂中解救了出来。就好像在人生的账簿上,"记忆"是加上的部分,"遗忘"是减去的部分。

希尔德:但就像是森林中的一棵树,倒下时没有人会听到!一天过去了,没有人会记得,但它还是发生了。

于尔娃：但是，比如说，不记得去年秋天发生了什么真的会让人很沮丧。我发现我自己在想：去年秋天我度假的时候，我到底做了什么？我脑中一片空白，尽管我的记忆力很正常，但在某种程度上来说，这太可怕了。

希尔德：也许遗忘是一种幻觉，因为当我们谈论一个特定话题时——就比如跑步——你确实记得去年秋天你去跑了二分之一的马拉松！

于尔娃：是的，这确实不容易忘记！通常，有很多事情我们不会忘记，它们只是没有出现在你在召唤它们时的那一刻。记忆对事件进行加工处理，将其写入我们的生活剧本，使其依赖于场景而存在。

希尔德：一年之后，当你已经有一段时间没有回想那100天了，会发生什么呢？

于尔娃：那是最令人兴奋的部分，我毕竟是"艾宾豪斯"，那么一年后还记得什么？我能克服遗忘曲线吗？我们拭目以待。那么，你会记得过去100天内的多少事情呢？

希尔德：嗯……我想我会记得很多。那些最重要、对我情感影响最大的事情，可能会记得最清楚。我没办法像你那样强迫自己按照顺序去记住这些事情，但重要的东西我记得住。我记得的很多东西都应该被遗忘。2月无聊的某天我在一片面包上涂上了黄油，记住这些又有什么用呢？

于尔娃：我很容易忘记那些只是到处闲逛的日子。我们经历的许多事情按理是应该被吸收进入了平常的生活氛围。尽管运用了记忆术，但记住连续100天确实证明我们实际上会忘记多少东西。

希尔德：如果你要记住每一个小细节，那就要花上100天来记住这100天！那又有什么意义？

于尔娃：我不需要回到过去重新体验过去的百日时光。要我回想我生病在家的那一天，或者星期天我在家什么也不做的时候，或者我们以前经常做的坐在当地咖啡馆写这本书的日子，真的很困难。根据记忆法则，这些时刻应该组合起来，成为一种累积记忆——写作、生病或无所事事。但我确实认为我的记忆技巧不时地改善了一些事情。每个月的第七天应该是黄金日，因为我自己的轻度联觉让数字7听起来像是"黄金"。4月7日下雨了，虽然那天相当无聊，天色阴沉，但在我的脑海里却是下起了金色的雨。

希尔德：仿佛你是一位记忆炼金术士，把这一天变成了金色！

于尔娃：实际上有点神奇，这让我感到开心。但我也很开心能记住那段日子里不包括黄金的部分。这就是日常生活的魔力所在：知道自己还活着，那就随它去下雨吧。不过，当然，编造线索是一种强制获取记忆的方式。通常，当我们谈论事物或听着音乐时，记忆会通过自然联想而产生。

希尔德：现在实验结束了，感觉怎么样？

于尔娃：不用总是给事件贴标签，这很好。最后，我可以开始活在当下了，即使放手有点难。今天是5月15日，每月第十五天都是海马。我到的时候，有几只海马，它们的尾巴挂在你门外美丽的樱桃树上。

希尔德：哦，多有象征性啊！

于尔娃：是啊，不过现在……忘记也是一种解脱。

观众们鼓掌。演员表在屏幕上滚动。希尔德把提示卡抛在身后，刻意看向镜头。

就这样,我们做了一个小小的实验,试着记住100天,以获得遗忘的乐趣。但对很多人来说,遗忘并不有趣。在人生的各个阶段,我们都会因为各种不同的原因而遭受记忆问题带来的困扰。

出乎意料的是,一个常见的对记忆有影响的疾病是抑郁症。许多抑郁症患者担心他们的记忆力不好。担忧是抑郁症的自然表现,情绪低落的时候,你会担心很多事情,甚至怀疑自己的能力。我们知道,记忆的特征是大量的遗忘和日常的错误,这是完全正常的。但当你沮丧时,你只注意到消极的一面,这只杯子看起来空了一半。你相信你忘记的东西与那些乐观的人忘记的东西是不同的,乐观的人盲目相信自己的记忆绝对可靠。用烦恼填满你的工作记忆会限制你对其他事情的记忆空间。"我担心我记不住事情"取代了"记得给盖尔达(Gerda)打电话"。

卑尔根大学心理学教授哈马尔(Åsa Hammar)非常清楚抑郁症是如何扰乱记忆的。她测试了许多抑郁症患者,发现他们在多次尝试记忆单词列表的情况下,有正常的学习能力。但如果他们只听一次,就很难记住这些单词。他们好像在第一次时就被打败了。当单词被重复,他们能正常地记住。与抑郁相关的记忆问题,部分解释是,与注意力和工作记忆有关,而与记忆的实际存储无关。

"这就是我们每天尝试记住大多数事情的方式。"哈马尔说,"通常,我们只有一次机会捕捉信息。"朋友们只告诉我们一次他们在假期里做了什么,我们也只有一次机会把这些信息巩固成长期记忆。那么,抑郁症患者感觉健忘并不奇怪,因为他们需要多次重复才能记住。

"通常来说,抑郁症患者在他们不再抑郁时也很难记住东西。他们不记得信息,不记得要在商店买什么,也不记得对话的核心内容。他们许多人可能担心自己有一些脑损伤。然而,我的研究表明,抑郁症患者的记忆力与正常人一样好,他们必须给自己更多的时间和更多的尝试。"

在与耶鲁大学的合作中，哈马尔的研究团队发现了抑郁对工作记忆的另一个影响。研究人员向抑郁症患者展示一行有着不同面孔的照片，然后让他们再看一遍其中的一张。要求他们说出这张面孔的图片出现在这一行面孔的什么地方。这个任务所使用的是一行行悲伤面孔的图片和一行行快乐面孔图片。这是一个相当简单的任务，但是抑郁症患者在被要求记住快乐面孔时会格外吃力，他们貌似没有"看到"那些快乐面孔的图片。哈马尔的解释是，抑郁症患者倾向于被消极的东西吸引，并且几乎忽视积极的东西。然后，任务的难度和复杂性增加，受试者被要求在倒序的面孔队列中指出特定面孔所处位置。他们虽然能更好地记住悲伤面孔，但在倒序记忆任务中表现很差，无论是对快乐面孔还是悲伤面孔，无不如此。

"对消极情绪的偏向使得悲伤面孔在工作记忆中占据了更多的空间，因此他们无法应对顺序逆转。"哈马尔解释说。当人们面临困难的任务时，偏向的效果会很明显。一个特别有趣的发现是，此类任务的难度大小可以预测患抑郁症的风险。执行此类任务困难越大的人，他们再次出现抑郁症的风险就越大。这些结果表明，工作记忆能力低下可能是抑郁症患者不幸携带的一个弱点，这使他们更难摆脱抑郁症。

令人难以置信的是，超过12%的人口患有抑郁症，这限制了他们的记忆力。1%的人口受癫痫折磨，使癫痫成为最常见的神经系统疾病之一。亨利·莫莱森患有癫痫，但癫痫并不是他记忆力差的主要原因，是手术使他得了严重的遗忘症。然而，癫痫本身会导致轻度的记忆问题，无论是儿童还是成人。癫痫是大脑功能的紊乱，它的发作由大脑不受控制的电活动引起，就像一场电风暴。惊厥性癫痫发作时，患者通常处于昏迷状态，会经历胳膊和腿的剧烈痉挛。癫痫发作一般不会超过几分钟，但也有例外，这取决于癫痫的类型。有些患者的癫痫发作时间很短，几乎无法察觉到，他们只是眼神游离了几秒。这被称为失神性癫痫,因为患者会失神几秒钟。正如前文所述,亨利患有失神性癫痫和惊厥性癫痫。即使癫痫发作持续的时间不超过20秒,也足以扰乱注意力和记忆的形成。许多失神性癫痫患者在集中注意力方面有困难,不仅限于癫痫的发作期间,这使他们在学校学习变得困难。惊厥性癫痫发作和失神性癫痫发作都会在脑内大部分区域产生癫痫活动。

癫痫也可能起源于大脑的某个特定区域。有一种局部性癫痫起源于颞叶,被称为颞叶癫痫,而颞叶是海马所在之处。这种局部性癫痫发作是正常的神经元连接被干扰导致的,或是局部损伤导致的。在癫痫发作期间,患者常常感到胃里有一种下沉的感觉,或者产生一种强烈的似曾相识的感觉。我们有时会有这种感觉:现在经历着的事情好像发生过。唯一不同的是,这种似曾相识的感觉在癫痫患者中更强烈,也更频繁。这种似曾相识的感觉或奇怪的直觉发生之后,癫痫紧接着可能会扩散到大脑更大的区域,导致患者在几分钟内"失神",经常嘴巴和鼻子发出响声,手足无措,坐立不安。由于这种类癫痫通常是由海马的损伤或功能紊乱引起的,它也可能伴随着日常记忆问题。人们也可能会忘记癫痫发作那段时间发生的事,有时甚至忘记发作前后一段时间发生的事。即使在今天,颞叶切除术仍是部分癫痫患者的外科治疗方法,但仅限于单侧颞叶切除。相对来说,只要我们至少还有一侧的海马,我们的记忆就是安全的。

特雷西·伦(Terese Thue Lund)是接受过这种手术的患者之一。在经过多年的药物治疗之后,她的癫痫并未得到有效控制,医生建议进行脑部手术。在2015年,外科医生切除了她右侧颞叶前部一小片区域,包括大部分的海马,希望能治愈她的癫痫发作。

这次手术治疗的效应尚无定论。但有一点很清楚,特雷西的记忆在手术前是很糟糕的,手术后并没有恶化。如果有变化的话,可能是变好了。

如果你不了解这件事，你就不会去怀疑她的大脑里少了什么。我们去奥斯陆她的公寓拜访她，她很友好、好客，很爱笑。她的客厅一尘不染，桌上摆着自制的纸杯蛋糕。她告诉我们，她正忙着筹划她的婚礼。有很多事情需要记住，她不希望自己的婚礼太拘谨、正式。

"显然，我知道自己会忘记事情。比如，我必须把所有约会都写下来。"

"我们所有人都必须这样做。"

"是的，但我每天至少要检查我的记事本三次，而我有时还是记不得我的约会。当我搭乘巴士时，我不记得我要在哪个站下车。我从来都不记得我遇到过的人，除非他们穿着不寻常的服装，或者有着颜色奇怪的头发。我希望人们总是穿着同一件衣服！"

"那你会记得我们吗？"

"若在街上，我很容易从你身边走过而没认出你，于尔娃，但我记得手术前我们聊得很愉快，当时是在……医院白色大楼里？"

"我的办公室不在白色的大楼里。那里有职业治疗师和社工。或许，你是跟社工们聊过？"

"哦，我明白了。对不起，那可能不是我和**你**聊得很愉快，至少不是我记得的那次谈话！"

尽管特雷西用幽默和笑声来处理她的记忆问题，但这对她来说仍然很困难。"最糟糕的事情是，人们提起我们曾经一起经历过的事情。大多数人都知道我是什么样的人，但是我不记得朋友们分享的经历，这种事的确伤害了他们。我的伴娘详细地记得我们去过的所有派对，而我什么也不记得了，虽然我知道我们玩得很开心！"

特雷西不记得她与男友的第一次约会。她不记得是去年还是前年和他一起去度假的。她有点担心她的婚礼演讲，因为她无法用她和男友共度的甜蜜、浪漫时刻来吸引观众。她的手术是在12月进行的，她记得,那一年圣诞节她正在康复期。

"手术后,我感觉脑内的迷雾好像散去了一点。我清楚地记得,我在婆家过圣诞节。我记得他们把头探进我的房间,告诉我天气很糟糕。我却很欢喜!他们开车带我来到海边,我浑身湿透地站在那!我用力地呼吸着海边的空气。冰冷的雨水打在我的脸上,我觉得我充满了活力,简直棒极了!"

特雷西喜欢天气,她指的是坏天气。一场狂风暴雨,海浪拍打着博德(她的家乡)的海堤。她不记得和男友去南方旅行时做了什么,但她记得很详细的是,有一次他们在冬季露营时差点冻死。

"也许不舒适反而有助于你更好地记忆?你越不舒服,你就越容易记住。"她笑了。我们都觉得,这种基于不舒服的记忆疗法有点好笑。

我们知道,特雷西的记忆严重受损。我们三人围坐在她的咖啡桌旁,她生命中最重要的照片就放在玻璃板下。其中,有她和男友在挪威北部的照片,还有她的宠物狗狗,还有连环画。接受脑部手术意味着可能失去记忆,不管风险有多小,对她来说都不容易。她已经忍受了多年的检查和测试,她的大脑内外都曾安装电极以测量癫痫发作,还经历磁共振成像扫描、记忆测试。直到外科医生确信特雷西不会遭受严重的记忆丧失,他才有足够信心切开她的颞叶,摘除海马及其周围的脑组织。

特雷西无法学习,因为她会把读的东西都忘得一干二净。她正在休假,不得不以对她有意义的方式来安排每一天。她锻炼身体,遛狗,计划婚礼,和朋友们聚会。她在2008年被诊断患有癫痫,但医生相信她从小就有癫痫,是在夜间发作。

"有很多事情我做不到,但我仍然会过上美好的生活。未来会有我的丈夫和孩子陪着我,还有我的朋友和家人。"特雷西一边说,一边温柔地抚摸着她的宠物狗狗普鲁登丝(Prudence)。

要过几年她才能确定她的手术是否成功。如果不再发作,她就可以逐渐停止服药。癫痫药物也会阻碍记忆,因为它们对大脑有一定的延缓效应。许多患者不得不服用多种癫痫药物来控制癫痫发作,他们同时还要与这些药物的副作用作斗争。但是,不服药也会损害记忆,尤其是在严重和频繁的癫痫发作时。

　　癫痫、注意缺陷多动障碍和抑郁症是最常见的从大脑内部威胁记忆的疾病。但记忆也可能被外部损伤所破坏。头部受伤,例如交通事故或运动创伤,是对大脑最严重的威胁之一,而且主要影响年轻人。跌倒和交通事故可能发生在所有年龄段的人身上,但老年人还会经历卒中和痴呆,这是大脑老化的自然结果,因此对年轻人来说,至少在记忆丧失方面,他们几乎只需担心头部受伤。注意缺陷多动障碍通过分散注意力影响记忆,颞叶癫痫破坏海马导致记忆丧失,而头部受伤会从多个方向影响记忆。头部受伤经常导致注意力、工作记忆、记忆存储和回忆或多或少受损,导致记忆困难。需留意的是,许多头部受伤的人会感到疲劳,他们很容易疲惫,因此很难保持专注。尽管许多头部受伤是独立的事件,受害者的症状在伤后最初几年就会有所改善,但许多情况下会导致永久性的记忆损伤。头部受伤是一种慢性疾病,即使它最初是由严重事故引起的。

　　当一个年轻人的记忆受到影响时,往往事发得出乎意料,因为我们认为记忆是理所当然的。然后衰老悄悄来临,我们越来越健忘。在我们的成年生活中,大脑皮层每过一年都会缩小一点点,当我们年老时,它萎缩得更快。随着脑白质消失,脑腔逐渐扩大。对大多数人来说,这就是自然发生的一切。我们很难再学习新东西,而且容易忘记事情,例如人名,就比以前更易忘记。但有一件事是不会随衰老而减少的,那就是我们一生积累的智慧。在长期的生活过程中,我们的记忆与经验逐渐被吸收成为知识大库的一部分。年轻人可能思维更快,学习得更快,记忆力更强，但老年人在生活经验方面占有优势。变老并不意味着腐朽，而是改变。

随着年龄的增长，患脑部疾病的风险也越来越大。当今最可怕的遗忘症是阿尔茨海默病（俗称"老年痴呆"）。各大报纸的头版经常报道阿尔茨海默病研究方面的小的新突破。这种病是我们这个时代最大的健康挑战之一，寻找答案就像寻找治愈癌症的方法一样复杂。摩尔(Julianne Moore)凭借《依然爱丽丝》(*Still Alice*)，荣获得第87届奥斯卡最佳女主角奖，她在片中饰演一名患有早发性阿尔茨海默病的妇女。

这个角色是一位世界著名的语言学家。当她意识到她可能会忘记一些熟悉的事情，甚至不认识自己的孩子，她感到非常绝望。我们可以写一本关于这个主题的书：大脑里发生了什么，受折磨的人和他们的家人是怎样经历这种疾病的；养老院如何通过播放病人年轻时的音乐来帮助他们，唤醒他们怀旧的记忆。关于阿尔茨海默病，我们不可能在一本书里介绍这么多应该让读者知晓的内容，我们只能简短概要地写上几段。

随着我们比过去活得更长，维持我们身体结构和功能的任务变得越来越重。我们这里讨论的结构就是大脑。随着年龄增长，我们会脸上出现皱纹和老人斑、会肌肉流失、会驼背，还要借助拐杖才能行走……这些都是我们可以忍受的。但是失去记忆，从而失去对存在的把握，是可怕的。这悄悄地在我们身上发生。刚开始，我们很难记住名字、信息，以及我们昨天做了什么。这与每个人随着年龄增长所经历的情况非常相似。随着年龄的增长，记忆力会衰退。老年人开始有点健忘时，很容易就会咯咯地笑起来。然而，在某种程度上，它会变成更严重的问题。随着疾病蔓延到整个大脑，我们在各个方面都需要帮助，并且我们会变得越来越不同。然而，在这之前我们就经历了记忆的逐渐丧失。海马首先受到影响，这意味着新的记忆不能像以前那样得到巩固。阿尔茨海默病患者可以详细讲述自己童年和青年时代的故事，但不会记得你上周拜访过他们。这有点像亨利·莫莱森的遗忘症，只是一开始没那么糟糕。在达到亨利的那种遗忘症阶段之前，我们大脑的大部分已经受到了影响。除了记忆问题，阿尔茨海默病患者还要与一系列其他症状作斗争，包括语言障碍、情绪障碍和制订计划方面的问题。

没有人知道造成这种疾病的原因。有些人"认为"他们找到了原因，而其他研究人员并不赞同。到目前为止，最流行的解释是废物在神经元周围积聚，形成所谓的淀粉样斑，破坏神经元使其自毁（即神经元自杀）。这对大脑来说当然不是好消息。我们每天都会失去大量的神经元，但阿尔茨海默病患者这种情况发生得更快。无论是巩固新记忆的能力，还是储存在大脑皮层不同部位的记忆本身，都会逐渐消失。阿尔茨海默病患者大脑的另一个变化是，神经元内的tau蛋白（神经元细胞骨架中含量最高的一种微管相关蛋白质）增加，导致神经元内的损伤累积。到底是tau蛋白还是淀粉样斑导致这种疾病发生，科学界还存在争议。或者，其实存在一个尚未被发现的罪魁祸首？

淀粉样斑和tau蛋白从何而来？我们能做些什么以防止它们在大脑内堆积？目前，我们还没有答案。然而，我们确实知道，在疾病被检测到之前的几十年，导致阿尔茨海默病的病理过程就已经开始了。如果我们未来有机会阻止这种疾病，或许我们就不得不在确定会患病之前很久就尽早进行干预。如果我们想要找到一种能在为时已晚之前阻止阿尔茨海默病的治疗方法，就要确切地了解它的发病机制。这需要全世界成千上万的研究人员付出持续、巨大和艰苦的努力。

什么都不记得是一种什么感觉呢？我们知道自己忘记了什么吗？这就是遗忘症的定义：不记得、不知道我们忘记了什么。只有极少数人被诊断患有此病。

我们在第一章中提到过的亨利·莫莱森确诊患有遗忘症，可能是最严重的一种。由于他无法存储每时每刻的记忆,手术后发生的每件事都是孤立的,他被困在当下。他有自己的人生故事,但25岁之后发生在他身上的一切(包括手术前的两年)都不复存在了。他患有所谓的"顺行性遗忘"。这种患者的两侧海马都受到严重损害。与海马紧密联系的大脑其他部位受损,也会导致这种类型的遗忘。卒中、脑炎,有时甚至是严重的心脏病,都有可能损害双侧海马。

对于很少一部分人来说,从出生那天起,他们的一生就注定什么都记不住。他们有一种罕见的海马功能障碍,这将影响他们的发展,并改变他们的生活轨迹。这种情况被称为"发育性遗忘",因为它在儿童发育期就开始了。这种病的病因还不完全清楚,但在某些情况下,它被归咎于难产或早产儿的呼吸问题。海马非常脆弱,缺氧对它的影响尤其严重。这类遗忘症很特别,因为患者并不是像亨利·莫莱森一样,完全不能形成记忆。尽管他们需要很多帮助,但他们在学校里还是学到了很多东西,他们缺少的是个人记忆。有一位匿名的英国病人,研究人员称他为乔恩(Jon)。他的智商高达114,远远高于平均水平。他很聪明,但他什么都**不**记得!他已婚,过着尽可能正常的生活。通过有意义的场景重复学习,他可能已经慢慢地掌握了一些事实知识,但是他没有关于学校学习的记忆。他"知道"他结婚了,他知道任何其他事实,但对于第一次遇到妻子、第一次与她亲吻,以及与妻子的那场婚礼,他没有真实的记忆。他甚至不知道回忆是什么感觉,就像一个天生的盲人不知道看见是什么感觉。

大多数遗忘症,不管是何种类型,患者都保留着早年的记忆,只是很难巩固新的记忆。但也有一小部分人遭受着另一种严重的记忆障碍:逆行性遗忘。对这些人来说,所有早期的记忆都消失了,就像是硬盘上的文件全被抹去了。这是关于遗忘的最大谜团之一。既然我们的记忆遍布大脑,那么它们是怎样突然地全部都消失了呢?很难想象整个生命经历的每一段记忆都被抹去了,也没有人能够解释它是如何由脑的损伤引起的。有时,病人在远离家乡的地方被发现,却不知道自己是谁。在挪威也有一些著名的例子。2013年12月,在奥斯陆,人们发现一名男子躺在路边雪堆里。他不记得自己是谁,也不记得自己来自哪里,但他懂多种东欧语言,英语也说得很好,虽然带有东欧口音。他遍体鳞伤,但警察无法查明在他身上发生了什么。可能有一些犯罪背景。他最终在捷克与家人团聚,并通过DNA分析确认了家庭关系。

对一些人来说,严重的心理反应可能是他们逆行性遗忘的原因。就好像他们的整个人格被关闭了,所以他们可以重新开始。通常情况下,他们会先发呆,然后去旅行,显然没有目标或理由,通常也没有身份证明。有些人通过治疗恢复了记忆。对有些人来说,就好像与"我"相关的所有记忆标签都被永远抹去了。还有一些人,大脑损伤(例如心脏骤停导致的大脑损伤),可能是逆行性遗忘的罪魁祸首。但对于记忆研究者来说,一生记忆是如何整体消失,像是被突然删除,仍然是个谜。这里,海马也许是关键所在,因为海马把我们的一切都联系在一起,包括我们所有的经历,我们去过的地方,以及我们对记忆与"自我"之间联系的感知。

2000年11月28日,奥文德·奥莫特(Øyvind Aamot)[现改名为温德·奥莫特(Wind Aamot),中文名岛之风]从中国给他母亲发来了一封电子邮件。这是他的家人和朋友知道他还活着的最后一个迹象。三周后,他在一个村子里被发现,身上带着身份证件和飞机票。他忘记了过去27年的所有经历。他不记得自己是谁,从哪里来,也不记得在平均寿命三分之一的那段时光里经历过什么。我们大多数人都有童年早期的记忆,但是温德的第一个记忆是什么呢?

温德说:"并不像人们所想的那样。许多人认为我在中国的火车上醒来时就没有了任何记忆。因为基于他们所知道和理解的,这是说得通的。但我并不是这样醒来的,我不认为把我的经历变成一个线性故事有那么容易。"

我们知道的是,温德当时27岁,是一名自由记者,对人类学产生了兴趣。在一次环游世界的航行中,他告诉他的朋友们他要去中国的山区研究游牧民族。一个月后,再也没有人收到他的消息。

他还记得在火车上的情景。他知道自己被发现时已经失去知觉,并在汽车里被送往医院。然而,很难确定他是什么时候坐火车的,什么时候去看医生的。他曾两次被发现失去知觉,并得到湖南省村民的帮助。有些情景和插曲可能与这件事有关:他曾在一次航行中遭遇过潜水事故,他小时候患过脑膜炎,这些都可能是导致遗忘的原因。医生则推测,可能是中了某种毒才导致了遗忘症。或者,发生了一些完全不同的事情。随后,温德接受了十多位心理学专家的检测,但没有找到答案。

过了很长一段时间,他才重新意识到自己的处境。他只是跟着别人,处于被动的状态。当人们问他问题的时候,他不回答。他不联系任何人,也不知道自己要去哪里。当他看到人们排队时,他就加入了他们。当人们把手伸进口袋,掏出什么东西递过去时,他也照样做了,而且是在同一个柜台上。然后,他得到了食物,却对产品、商店或金钱一无所知。过去27年的一切不知所终,一同消失的还有对世界运作的完整认识。他已经成了一个没有记忆的人,一个患有逆行性遗忘的人。

这是一种罕见的状态。世界上可能只有几百人(我们不知道确切有多少人)有这样的经历:除了语言和运动记忆外,他们失去了所有的记忆。

与亨利·莫莱森不同的是,逆行性遗忘患者可以创造新的记忆。巧合的是,亨利在27岁时失去了创造新记忆的能力,而温德在27岁时开始了他的新生活。27岁的亨利,生活向后延伸;27岁的温德,生活则朝向另一个方向。两个人结合起来,才拥有完整人生的记忆。

温德说:"刚开始的时候,我得到了很多人的帮助,但我不明白帮助的含义是什么。我花了很长时间才意识到人们为我做了什么,然后我充满了感激之情。我哭了很久,哭得很厉害。同样,我不知道什么是朋友,但这是一个我一直听到的词,所以我特别关注它,并记住它。当总是有好事发生的时候……我开始发现每个人都像朋友一样伸出援手,或友好地看我一眼。"

温德已经学会接受前27年记忆全部消失的事实。他与朋友和家人重新取得了联系。现今,这位40多岁的男子脸上有一道道笑纹,见证了40年的欢笑,而他却只有15年快乐的记忆。但是,或许这把事情过度简单化了。

他笑着说:"你是问我是否想念那些我不记得的东西?怎么可能不想念?和你一样,我的记忆也有缺口,只是我的缺口可能比你的大得多。当有人问我以前我经历过什么,我可以想象它,它唤起我的情感。我称之为情感记忆。在我失忆之后,我与这些记忆立刻就没有了任何联系。"

温德搜集了关于自己的故事,并将它们与潜意识记忆联系在一起,这也提醒了他自己是谁以及他的情感。当一个朋友告诉他,小学时有一次他把一块奶酪三明治扔到自己脸上时,温德能想象出那幅画面,他还能认得他们之间的情感互动和幽默感。这就是他如何重新构建他的过去,它不再是一个巨大黑暗的虚无深渊。他已经与失去记忆之前的那个人,一个眼里闪烁着光芒的人,建立起了连续性。

当遗忘症吞噬对原始事件的记忆时,我们怎样才能确定什么是真实的?温德·奥莫特通过重建他的经历来填满他的过去。某种程度上,它们是对真实事件的虚假记忆,但这并不困扰他。他能感受到连续性、一致性和真实性,即使他27岁之前的人生是来自别人的复制与自己空白记忆的混合体,这一切也都与温德人格的情感核心部分相连接。

我们可能永远都不会知道，我们的记忆哪些是真实的，哪些不是。但这不会改变我们是谁。遗忘的真相是，我们被迫忍受它，拥抱它，通过它凿开我们记忆中像纪念碑那样最重要的东西，即使这意味着忘却所有我们希望能够记住的小事情。

第七章

斯瓦尔巴群岛的种子：走向未来

> 我们的狂欢现已结束。我们这些演员，
> 正如我告诉过你，原本都是精灵，
> 现已化作空气，淡淡稀薄的空气：
> 犹如虚无缥缈的幻梦，
> 那高入云霄的塔台，金碧辉煌的宫殿，
> 宏伟的庙宇，以至整个地球，
> 地面上的一切，都将烟消云散，
> 就像这虚无缥缈的热闹场面，不留半点痕迹。
> 我们是梦幻搭载的衣钵，
> 裹绕在睡梦里，匆忙度过一生。
>
> ——莎士比亚，
> 《暴风雨》(*The Tempest*)

北冰洋斯瓦尔巴群岛的多雪高原上突起了一座建筑，就像科幻电影场景的一部分。在这高耸的水泥建筑前方，装点着一系列艺术品，白天如冰晶一样耀眼，晚上像极光一样明亮。除此之外，它的结构完全不起眼，一年大部分时间孤独地矗立在这座雄伟的岛上。通过大门来到走廊，出现三个混凝土房间。里面放着各种小小的塑料袋，这些塑料袋装着世界粮食的未来，里面有种类多样的种子：黑色的、黄色的、方形的、环状的、带条纹的、带茸毛的，所有种子都并排在一起等待着。斯瓦尔巴群岛全球种子库于2008年正式投入使用，这里冻土的温度常年稳定在-18℃。在国际社会的努力下，来自世界各国的种子都存放在这里，并由挪威政府和全球作物多样性基金会共同管理。所有存放在这里的种子属于它们的生产国，可随时取出。数百个大米和小麦品种的种子——这些是各国农耕文明的遗产——都已经存放在这里。当季节更迭，冬季风暴肆虐，当战争在地球另一边打响，气温上升时，这些种子就安稳地待在这座冰冷、寂静的混凝土建筑里，等待着未来。

这个种子库有个昵称，叫作"世界末日种子库"。之所以叫这个名字，是因为在种子库建设和发展的整个过程中，有些人设想过地球的未来有可能发生包括核战争、气候变化、干旱、新的害虫入侵等灾难事件。最坏的事情就是，各大洲变得像荒无人迹的火星一样，那时这些种子能给人类带来新的希望。其实，在叙利亚国家种子库被内战摧毁之后，这些问题就已经出现了。斯瓦尔巴群岛的全球种子库并不是真的是为世界末日的到来而存在，它是给各个国家储备种子资源，从而更加有利于地球。但世界末日并不是遥不可及的事情，如今它以自然环境崩溃和战争的形态来临。它会逐渐到来，速度很慢，以至于我们难以察觉。气候变化和大量移民，无时无刻不在一点一点地改变着我们的世界。最近这个种子库还受到岛上永久冻土融化的影响。

但是，变化的未来从哪里开始？改变未来的新想法从哪里萌芽？答案是：我们自己的种子库，我们的记忆。

随着年龄的增长，我们都会回忆往事。也许，记忆从我们20多岁时阅读儿时的作业开始，到躺在老家阳台凉椅上看着充满回忆的相册结束。但是，回忆本身没有进化功能，我们灵活的、不可靠的记忆是可变的，原因之一是：记忆不是博物馆里展出的物件，它应该被运用起来。如果我们没有把记忆运用于必须运用之处，那大自然何必花费大量精力在记忆上——甚至是虚假的记忆？记忆是过去和未来相遇的地方，它们相互存在，缺一不可。它们存在于我们内部时间机器刻度盘的两端。向左转，我们遨游于过去的经历；向右转，我们畅想着未来的时光。记忆是我们精神之旅的必要条件。生活中的规划、我们的梦想，还有日常的天马行空，都离不开记忆。我们追忆过去，不是指望记忆会使我们永生或活得更久，而是我们必须要有展望未来的思想。很自然，对未来的憧憬就是对过去记忆的一部分，不仅仅是因为对过去的记忆帮助我们预测未来，而且是因为我们追忆往昔与想象未来的过程是完全**相同**的。

直到2000年，科学家才开始关注：记忆的核心功能包括对未来的思考——未来思维(future thinking)。澳大利亚昆士兰大学萨登多夫(Thomas Suddendorf)被认为是这一研究领域的先锋之一。他在地球另一端通过互联网与我们对话。这是时间旅行，挪威首都奥斯陆早上8点与澳大利亚下午4点相遇。或者说，萨登多夫在未来与我们对话，虽然仅仅相隔8小时，但这也是时间之旅。

萨登多夫说："过去的这些年里，记忆研究者一直专注于人们如何正确地记住，而忽视了一个重要的问题：我们为什么会有记忆。"

1994年，他与科尔巴利斯(Michael Corballis)向多个心理学杂志投了一篇关于人类想象未来的能力的文章，但都被拒稿了。

"最后，我们发表在一个很少有人阅读的小杂志上。"他告诉我们。这个杂志现已停刊。

"传统上，记忆研究关注的是可测量的、被正确记住的过往事件。很明显，未来思维是没有办法那样来测量的。"他如是解释人们当初对这个话题不感兴趣的理由。

10年之后，这种情况发生了变化。《科学》(*Science*)杂志把精神时间旅行及情景式未来思维(episodic future thinking)的研究列为2007年重大科学突破之一。1997年,萨登多夫和科尔巴利斯发表了一篇题目为"精神时间旅行与人类心智进化"的文章,成为现今情景式未来思维研究的重要基石。

"真是糟糕的记忆,它只能向后工作。"这是卡罗尔的儿童经典名著《爱丽丝镜中奇遇记》中的白王后说的话。王后可能是正确的:恰当的记忆应该是双向工作。

根据萨登多夫的观点,对谬误记忆解释要从物种进化的角度来进行。纵观人类进化史,在大约600万年的时间里,我们的环境发生了变化,迫使我们的遗传物质进行适应性改变。自然选择塑造了我们的身体特征,例如灵活的拇指和直立行走,这些特征有助于早期人类的生存和繁殖。不仅如此,进化也塑造了人类的心智(mind)。从进化心理学的角度来看,我们必须时时问一问:如果特定的心智功能在人类中是普遍存在的,而不仅仅是局部的、文化上的变异,那这一功能对生存和繁衍而言意味着什么?对于记忆,我们可以肯定地说,记忆在人类中是普遍存在的。

"对人类而言,如果出于某种原因保留对过去的精确复制很重要,那么这正是记忆所能带给我们的。但是,为什么我们需要对过去的复制?答案是:未来的需要。未来是我们潜在的合作伙伴,也是潜在的风险所在。我们大多数人倾向于记住成功而忘却失败,这导致我们对自我的形象产生偏差。因此,当我们遇到新的潜在伙伴(面对未来的不确定性)的时候,对过去的记忆就显得尤为有用。"

根据萨登多夫的观点,进化的好处在于它支持了记忆系统的产生,使得我们能够存储从过去到未来的心理时间旅行史。或更确切地说,这一观点支持"记忆是未来想象力进化的副产品"。过去之所以有用,是因为它帮助我们预测未来。我们可塑的、不可预测的、生动的记忆如果不是因为它在帮助我们创造生动、富有洞察的未来场景方面有用,那么它就不会得到进化。

"所有的记忆功能都一样。以巴甫洛夫的狗为例。它们在想象将被喂食时,会产生胃酸并流口水。巴甫洛夫在给它们喂食前反复摇铃。之后只要听到铃声,狗就会产生胃酸并流口水。这一现象被作为记忆的一个基本例子。但是,狗是因对未来食物的期待而流口水的,这样说不是更准确吗?"

不过,巴甫洛夫的狗不用考虑自己的未来。它们更像是感觉印象在大脑建立相互联系的被动接受者,这种现象被称为"经典条件反射"——一种没有任何意识或意志参与的记忆。这种学习发生在动物界的所有成员,从变形虫到人类。即便是如此原始的记忆形式,对于所有生物来说,都是基于预测未来及确保生存的需要而产生的。

"人类创造未来情景和检索生动记忆的方式,一定有巨大的进化优势。拥有一个开放、灵活的记忆系统,我们可以在脑海中不断地评估一系列可能发生的未来情景。"这是萨登多夫说的话。他的《鸿沟——区分我们与其他动物的科学》(*The Gap: The Science of What Separates Us from Other Animals*)一书,带我们回到地球上早期人类聚居的时代:南方古猿、直立人、尼安德特人,直至晚期智人。这些早期人类留下的痕迹,实际上提供了一些重要的线索,说明他们的心智是如何工作的。复杂石器的出现说明,他们获取食物和筹谋未来的能力在不断提升。"以直立人为例,他们从大约180万年前一直生活在地球上,直到大约2.7万年前。他们捣鼓出一种手持斧,用于切肉或其他场合。这些都是精心制作的工具,并非用后即弃。他们随身携带着这些工具,可以说,他们是全副武装的。"萨登多夫说。

直立人想象未来需要食物,需要免受天敌袭击。早期的人类是食腐动物,而不是捕猎者。他们对武器的需求是为了保护自己,与其他任何东西一样,都是面向未来的需求。为将来可能随时出现的危险作好准备,对于位处食物链中间的生物来说非常重要。早期人类变得越来越偏向肉食,规划狩猎和储存食物随之变得有用起来。

关于直立人具有面向未来的心智,一个更有说服力的论据是,他们发明了似乎曾经是作坊的东西——他们练习制作斧头的场所。根据萨登多夫的说法,这是理解早期人类具有未来思维的有力线索。

"我们在一些地方发现了一些石斧残片,好像是有人聚在那里练习制作和互相教导。人类有意识地磨炼技巧,使得他们在为将来作准备时变得更加灵活。通过学习制作斧头的技巧,直立人可以放心:即使他丢失了斧头,他也将永远拥有斧头。"

直立人有能力面对未来可能发生的一切。想象未来危险的能力以及用斧头保护自己免受伤害的能力,是他们迈向现代人类非凡梦想的第一步。电话、火车、飞机、电脑:如果我们没有首先梦到它们,这些东西就不会存在。

这种能力伴随着现代人诞生,足迹遍及各大洲,再到大规模工业革命,直至今天的火星探险计划。艺术家、哲学家和科学家想象出直升机[世间天才达·芬奇(Leonardo da Vinci)]、机器人[作家恰佩克(Karel Čapek)]、壮观的未来城市[电影导演朗(Fritz Lang)],以及对思想的大脑扫描[电影制片人温德斯(Wim Wenders)],这与当今大脑功能磁共振成像研究人员所做的工作并无不同。许多情况下,这些梦想比技术的出现早数百年甚至数千年——甚至古埃及人都梦想着登月。

全人类都是有远见的人,其远见的基础在于他们的记忆。我们的记忆是我们想象的动力。反过来,想象则是使生活充满回忆的能量。回忆实际上是在想象发生了什么。当然,记忆的许多细节实际上都存储在某个地方。但是当记忆进入意识的那一刻,在重新体验的浪潮中,它已经被重构了——从记忆中提取的片段被转换成连贯的经验和故事。

从这个角度看,重构**已经**发生的事情与构建从未发生或**尚未**发生的事情之间并没有太大的区别。与记忆一样,想象未来并非完全由随机的细节构成。我们对世界了解得越多,经历得越多,就越容易把它们想象成未来的一部分。未来的情景如果缺少细节也会没有那么逼真。今天,美国国家航空航天局(NASA)的研究人员计划在21世纪30年代进行一次火星考察。当他们根据火星表面图片进行预测时,他们可以设想出更真实的场景。他们设想的画面可能结合了以前火星探险的照片,也可能结合了他们自己的登山经历。在18世纪和19世纪,人们想象的火星完全不同。关于火星,从来不缺幻想家,他们幻想着谁住在火星上,火星的表面会是什么样子。这些想象是基于对火星的大量的望远镜观察。我们永远不会知道,是从前的什么经历让人们想象出三眼仔小绿人的。

  这台自然时光机最棒的地方在于,它不是少数幸运者专属,我们每一个人都拥有它。你以前可能没有注意,但尝试想想你每天花多少时间在思考未来。你在想今天晚饭吃什么吗?你在期待两个月后的假期吗?你还花了几秒钟想象这些:飞机飞行,温暖的牙买加阳光沐浴着你的脸,海滩和海浪。

  有些情况下,想象未来比想象其他情况更容易——比如想象你即将开始的第一次约会。在你们俩见面前,你永远不会像现在这样全神贯注期待未来。你会思考穿什么衣服,去哪里见面,怎样打招呼(拥抱还是握手),要聊些什么,要做些什么。你会在内心深处排演未来的自己与未来的对方之间的互动。有时候,这些想象看起来那么真实,就像是曾经亲身感受一样。联想高手所罗门·谢里谢夫斯基是一个不会遗忘的人,他拥有一种几乎过度的想象力。在他还是小学生时,有一天他不想起床去上学,他就想象自己要去吃早餐然后去上学。想象的场面是如此逼真,以至于他虽躺在床上,但实际上相信自己已经在上学了。然而,对于我们大多数人来说,想象未来只是我们日常思想游荡的自然部分，是意识流的一部分，它可以像倒转的时钟一样轻松地把我们带回到过去。我们所有人都是时间旅行者，在任何时候都是这样。

就我们的大脑而言，过去和未来几乎是相同的。只有当我们思考精神时间机器以面向未来的时间旅行方式为我们提供了什么，我们才能真正地理解记忆的本质，包括它的所有错误和谎言。那么，我们如何研究记忆与未来想象之间的联系？通常的记忆测试回答不了这个问题。记住一串单词不能衡量对未来的思想。长期以来，未来似乎太难以控制，对未来的研究包含太多主观成分。展望未来在很大程度上属于诗歌和文学的领域，且无疑是所有科幻小说的基石。先进研究技术的应用，包括功能磁共振成像技术的发明，使得心理学发生了革命性的改变，研究者才有可能对未来时间旅行开展研究。正如大脑功能成像使我们的个人记忆"可见"一样，当我们在时间轴上向前看时，大脑内部发生的事情也突然地变得"可见"。

基于功能磁共振成像技术提供的可能性，哈佛大学研究人员沙克特（Daniel Schacter）和阿迪斯（Donna Rose Addis）也加入了这个研究主题。2007年，他们在《自然》（Nature）上发表了文章《构建性记忆——过去与未来的幽灵》，这篇文章已成为重要的参考文献。通过多项实验，他们发现，人们在回忆过去和想象未来时大脑的活动有着惊人的相似。他们的志愿者通常会被呈现一个提示词，并被要求找回与之关联的记忆，或者想象将来可能发生的事情。当志愿者开始他们的精神时间旅行时，被激活的大脑区域是重叠的。

想象一下你在参加这个实验。你躺在功能磁共振成像仪中，每只手拿着一个按钮，根据任务要求作出反应，按下按钮。一个类似笼子的小装置套在你的头上；通过一面镜子，你可以通过仪器的隧道看到电脑屏幕上显示的指令。仪器时不时地发出各种可能的咔嗒声和敲打声（这是一项嘈杂的工作），你会看到屏幕上的提示，比如"海滩"，触发你对过去的记忆,或对未来夏天的计划。在几分钟的时间里,这台大而嘈杂的机器转变为你个人的时间机器,将你带到避暑别墅。你放下行李,脱下凉鞋,拉开尘土飞扬的窗帘,打开通往露台的门,拥抱温暖舒适的海风。

经过数个这样的回合,实验结束了,研究人员可以开始追踪大脑所经过的时间旅行。这个时间机器的内部机制是什么?海马似乎参与了这一过程,但并不是唯一的。大脑的前方靠近中线的部位有一个区域看起来也很重要。更靠后的一个区域,同样是靠近中线的部位,看起来是激活的——这个区域是某种意义上的网络"路由器"。其他脑区也参与其中。时间旅行在大脑形成了一种独特的模式,提示存在一个有特殊功能的网络。最让研究人员感到惊讶的是,这个网络与所谓的"默认模式网络"惊人地相似——"默认模式网络"是你不思考任何事情时大脑内部被激活的网络。

在关于个人记忆的章节中,我们讨论了这种默认模式网络,你还记得吗?可能不记得了,我们再来复述一遍。在大多数关于语言理解和工作记忆的功能磁共振成像研究中,静息状态被用作一种对照状态、基线状态,我们将任务状态下的脑活动与静息状态下的脑活动进行比较。通过这种方式,研究人员证明,与我们没有特别思考什么事情时(静息状态)相比,我们在解决复杂的工作记忆任务时(任务状态),额叶外层和大脑后部大面积地被激活。这里指的是相对而言。毕竟,整个大脑在任何时候都是活跃的。正是这些活动之间的差异,显示我们如何或多或少地使用大脑的不同区域。

然而,默认模式不是单纯的空白状态。当我们什么都不想的时候,当我们不专注特定任务的时候,我们通常会怎么做?我们会神游八方。在我们等待下一个任务的时候,一曲关于过去和未来的交响乐在我们的大脑上演——是的,也会在你的大脑上演。我们有可能在思考实验结束后去做些什么，晚上去做些什么；我们也可能在回忆上个周末做了些什么，或者实验过程中发生的有趣事情。有许多证据表明，默认状态包含对过去的记忆和对未来的思考的自由流动。据统计，人们在醒着的时间里，一半以上的时间是在回忆过去与思考未来之间徘徊：他们身上发生过什么以及**将会**发生什么。

"仔细想一想，"萨登多夫说，"在我们的脑海里，记忆场景和未来场景有多么相似，体验的质量几乎是一样的。"

可以这么说，有了大脑的生物足迹，毫无疑问，情景预见可以被科学地加以研究。但未来也可从其他角度来加以研究。我们未来时间旅行的内容无法用功能磁共振成像来测量，通常是通过问卷或访谈获得，此举旨在捕捉丰富的感官体验及其连贯性、生动性。其内容可以像新闻故事一样平淡，也可以像真实经历一样生动。

记忆和情景式未来思维的一个共同的有趣特点是，你在其中可以有不同的视角。你是那个"我"呢，还是一个从上面看着你的观察者呢？有时，你对事件的看法就如你自己看到或将要看到的那样，都是通过你自己的眼睛：你看到餐桌在你和约会对象之间，你对面坐着你潜在的未来伴侣。有时，你从外部、从远处看着自己：你看到你与约会对象坐在桌子两边，相互看着对方。

有时，通过让人们描述他们对未来的思考的细节，可以知晓他们是如何体验关于未来的想象的。他们讲述故事时，有些地方关注叙述技巧、事件如何展开；有的地方重视细节描述，暗示他们思考时的感受——情感、感觉印象及个人发展。与记忆一样，未来思维可以是语义式的，也可以是情景式的；可以是事实，也可以是经历。某种程度上，我们可以预测未来会发生什么，而无须描述生动的细节。"就进化而言，语义记忆是一种更古老的记忆形式。"萨登多夫告诉我们。

据他介绍，储存食物的动物会以语义方式记住食物，而不是用生动情景的方式。令人印象深刻的是，在长时间的延迟后，一只储藏了幼虫和坚果的鸟会选择去找坚果而不是幼虫。你可能会争辩，这只鸟具有在特定时间将幼虫藏在特定位置的情景记忆，因此它知道当下幼虫已不再可食用。但根据萨登多夫的说法，鸟类同样很容易出现记忆衰退。它们有关于幼虫藏在哪里的记忆，但这种记忆会衰退，于是，对坚果的记忆得到强化，鸟知道坚果是可以食用的。

即使在人的一生中，语义记忆也先于情景记忆出现。

"在我的研究中，我发现情景记忆的出现与儿童想象未来的能力存在令人信服的重叠。"从4岁左右开始，孩子们可以生动详细地讲述他们过去的经历，以及对未来的计划。他们谈论具体的计划，表明他们理解未来可能会有不同于现在的情景，包括他们自己的需求和状态的变化。例如，他们可能计划带上他们最喜欢的泰迪熊或毯子，以防他们需要玩安慰游戏。

"过去和未来联合成一个统一系统，这一结论的支持证据来自脑成像研究，来自过去和未来体验相似性的研究，以及来自这两种能力在儿童身上并行发展的事实。"萨登多夫说。

一个更有说服力的证据来自遗忘症患者。很明显，顺行性遗忘患者（例如亨利·莫莱森，他不能储存新的记忆）对自己的未来只有一个模糊的愿景，尽管他们受伤前就有记忆。他们确实有过去，但不能用它来预见未来。这就好像时间机器的引擎根本就不工作，即使对过去记忆的燃料还在那里。这清楚地表明，未来不仅仅是简单地从过去的经历中学习。1985年，加拿大心理学家塔尔文描述了一名失忆症患者 N. N.，这是一名记忆和思考未来能力均缺损的患者。以下是他问 N. N. 关于明天的一段对话：

塔尔文说："让我们再试一次关于未来的问题。你明天要做些什么事？"

（这里有15秒钟的停顿。）

N.N.收起微笑,说:"我不知道。"

塔尔文问:"你还记得问的是什么问题吗?"

N.N.答:"是关于我明天的打算吗?"

塔尔文道:"是的,你怎么描述当你想这个问题时你思考的状态?"

（这有5秒钟的停顿。）

N.N.答:"一片空白,我觉得是这样。"

当被要求详细说明"空白"时,N.N.说:"就像在一个没有东西的房间里,有一个男人告诉你去找椅子,但那里什么也没有。"

当然,也有例外。对未来的思考并不总是依赖海马,也不是非得使用与情景记忆相同的机制。对于发育性遗忘患者来说,即使天生就没有创造情景记忆的能力,他们仍然可以想象未来。你可能会想起音乐家阿尔内·克瓦尔维克,我们的音乐家朋友,他几乎无法回忆起他的童年时代,但他仍然担心可能有令人恐惧的不幸落到他或他的孩子身上。因此,至少在语义上,他并没有丧失预见或思考未来的能力。

马圭尔及其同事推测,阿尔内的这种能力可能是大脑调整了未来思维的网络,以适应记忆的缺乏。这类似于大脑语言中枢天生受损的孩子仍然能够学会语言一样,因为他们的大脑将语言中枢转移到了健康的另一侧半球。那些成年期患遗忘症的人无法彻底重塑大脑,这种自然适应能力只有童年期的发育潜力才能提供。那些出生就伴有海马损伤的人可以发育新的大脑网络来接管规划未来的重要能力,那么,发育性遗忘患者的大脑其他部位为什么不能接管创造情景记忆的功能呢？答案必定是,执行将生活经历按时间顺序捆绑在一起的功能的过程中,海马占据独特的重要位置。当然,未来还没有发生,也就没有被海马编码。

抑郁症患者也很难预见未来。对他们而言,未来不仅阴郁,还很模糊。1996年,研究者威廉姆斯(Mark Williams)对一群抑郁症患者进行了研究,发现他们的记忆和对未来的想法都非常模糊和笼统,包含的具体细节没有正常快乐人的那么丰富。缺乏细节会造成一系列后果,展望未来可以解决问题。想象与朋友的愉快聚会意味着与那些朋友进行接触,打破导致抑郁症的孤立感。

没有人花很多时间研究抑郁症如何影响心理时间机器。自威廉姆斯以来,只有少量的这方面的研究,而这些研究都是在21世纪完成的。最近,威廉姆斯研究了抑郁症患者对自杀的看法。这些想法在抑郁症患者脑中绝不是模糊的。相反,他们与创伤后应激障碍患者相似,会时不时地在脑海出现这种清晰想法。威廉姆斯称之为"回闪"。他和他的研究小组采访了先前患过抑郁症并有自杀想法的人,听他们对死亡的看法,发现他们在最绝望的时候自杀想法非常强烈和清晰。结合问卷调查结果衡量自杀想法的严重程度,也就是自杀风险有多大,发现自杀风险与自杀幻想强度明显相关。自杀幻想越清晰,自杀风险越高。威廉姆斯和他的研究小组敦促临床专业人员,评估抑郁症患者的自杀风险时,更多地关注潜在致命的自杀想法的意义。在临床心理学和精神病学领域,就像在记忆研究领域一样,现象学研究常常被忽略。

这种忽略可能是由于我们低估了幻想在决定人们行动中的作用。生动地想象未来:这不是毫无意义、自我放纵的活动吗?我们的选项不是足够多吗?我们也以语义方式思考未来:我们对各种可能性进行分析,预测我们的周末计划,预测我们能获得的教育的水平(至少在我们开始学习时),预测气候将如何变化。预测未来当然是有用的,但我们需要**感受**到它吗?把我们沉浸于未来对我们有什么好处和作用?或者,这只是记忆的副效应?萨登多夫坚信,想象未来情景的确是有重要意义的。

"在事情发生之前对它进行想象,这是一个对未来的模拟过程。通过这种模拟,我们可以测试事件将会如何影响我们,这与我们作出选择之前的感觉不同。例如,如果我想从我的狗身上取下一块骨头,我可以根据狗过去的反应来采取行动。我想避免被咬,所以我为自己描绘了不同的情况:我应该向它扔猫以分散注意力吗?我应该射杀那只狗吗?还是我应该在取骨之前简单地把它麻醉?所有这些选择都有不同的后果。仅仅把这只可怜的狗杀了,肯定是没有好处的——光想想也是不道德的。但在我们的心理模拟中,我们可以评估所有这些。模拟使所有的细节变得栩栩如生,以便仔细检查。"

萨登多夫更喜欢把对未来的思考称为"情景预见",这是一种与情景记忆直接对应的称呼。

迄今,关于情景预见对塑造未来行为的重要性,我们知之甚少。我们必须记住,直到2007年左右,人们对未来思维才产生了极大的兴趣。然而,一些研究表明,情景系统对解决问题和发挥创造力有直接的影响。我们前面提到的哈佛大学沙克特教授,他通过实验证明,当操纵受试者更精细地使用情景记忆系统时,他们在创造力测试中的表现也会更好。

他和他的同事们把受试者分成两组,给他们看一部电影。之后,要求他们回忆电影内容。第一组受试者使用现代警察的调查询问技术,对电影细节进行彻底的询问——在前面关于虚假记忆的章节中,我们描述过这种调查询问技术,它是由拉什莱夫从英国引进,并推介给挪威警务部门的。第二组受试者接受一项数学任务,只是为了打发时间,并确保他们的大脑在完成创造性任务之前是同样忙碌的。

然后,在创造力任务中,要求两组受试者尽可能多地想出普通物体的不同用法(你自己尝试一下:用铅笔可以做多少种不同的事情?)。结果表明,第一组受试者比第二组受试者的操作成绩要好得多。似乎调查询问使他们的思想时间机器运行起来了,这有助于创造性解决问题。

情景式未来思维的另一个有用的方面是,未来可以为我们现在、此时思考着的行动带来回报。想象一下你眼下进行的锻炼:你汗流浃背,呼吸急促,舒爽地躺入沙发。根据以前的经历,你知道这种感觉是一种享受。通过对锻炼的情景和结果的想象,你尝到了滋味,进行了"预览",这激励你去锻炼,我们把这称为"强化"——激发我们去做更多相同事情的良好感觉。这种未来强化能够更多地帮助塑造我们的行为,比我们预想的更多。研究人员在评估不同方式给予的奖励的吸引力时发现,相对于较小的、不久即可获得的奖励而言,较大的、未来遥远的奖励对受试者不具吸引力。但是,当提示受试者生动地去想象未来遥远的强化时,上述差异就减小了,甚至消除。实际上,这样可以轻松地将眼前需求推延为未来需求,这被认为是人类社会和文明的基石。有一部分人认为,对未来报酬的心理预告使道德的形成和发展成为可能。从进化的角度来看,人类道德起源于一种能力的进化,这种能力将个体自私、即时的需求延迟到感知自身属于群体的社会奖励上来*。在致力于实践适当的社会行为之前,体验这种强化奖励使你更有可能继续履行这种行为。无论是数百万年之前,还是现今,成为群体一员并得到认可对个体来说都是至关重要的。

  这种生存和繁殖的假设优势本身并不能证明任何事情。这就是进化心理学的工作方式:它以某种有意义的方式将过去(骨头、石头、洞穴壁画)与现在(我们看起来如何运用我们的大脑)绑定在一起,为我们提供推测和假说。萨登多夫甚至声称,精神上的未来时间旅行有助于解释所有人类属性中的最根本特征:语言。

  未来愿景,只有能够与他人分享时,才是最有用的;否则,你需要独自去追求。我们灵活的头脑需要灵活的通信系统。展望未来并进行沟通,这两种需求在进化过程中齐头并进,共同推动着人类心智向前发

---

* 即感知到社会需要我。——译者

展。这不仅是两者的共舞,还有第三个伙伴,那就是我们对彼此分享和绑定的本能需要。我们的近亲,类人猿,通过互相捉虱子来加强它们之间的纽带联系,而我们人类更喜欢八卦闲聊。我们彼此交谈,分享故事和对未来的想法。分享使我们团结在一起,使我们有足够的机会分享过去的经验和对未来的看法。"可以肯定的是,人类在讲述彼此故事方面有着特殊的动力,虽然我们不知道这种动力已经持续了多久。我们知道的最古老的记录故事是法国拉斯科的洞窟壁画,其历史可追溯到17 000年前,画的是一个男人背躺在一头野牛的前面。野牛的内脏外溢,可能是被男子的长矛所刺或被附近的长毛犀牛撞击所致。我们并不知道确切的故事发展,但显然这是一个戏剧性的故事,值得被讲述。"萨登多夫说。

他认为,这样的故事对于人类应对未来的挑战至关重要。通过故事,我们增强了预测未来并提出应对方案的能力。

"通过别人的故事,我们学习生活中常见问题的解决方案。大多数故事,不管是传统童话还是现代小说,都是关于人们解决问题的故事。他们都有特定的寓意:如果你学习和模仿故事主角行事,故事的结果就会是你的结果。它提升你将来解决自己生活中类似问题的能力。彼此相互学习是我们固有的能力,我们不需要一遍又一遍地去发明轮子。但最重要的是:我们交换彼此对未来的看法。"

心理学家兼作家克乔斯认为,故事对于我们的生活和选择生活道路是重要的。如果我们感到困惑,我们总是可以去图书馆,在书本里发现别人的思想、感情和行动,平行对照我们自己所处的世界。如果我们不想这样做,我们也可以打开电视、看看电影或阅读新闻。故事是我们社会如此重要的支柱。为什么我们会如此强烈地被他们吸引?

"我们阅读小说,使我们能够想象不同的生活方式。每个人的生活和命运都是我们文化中让人产生浓厚兴趣的客体。"他说。

他认为,个人英雄故事以这种方式得到了强化,因为如今人们对宗教的依附及对上帝的绝对服从越来越少了。一个人与其他人的关系才是神圣的,而不是他们与神的关系。个人命运的故事成了我们生活的指路明灯。电视剧、电影、博客、新闻广播、脸书、小说,所有来自世界各地的故事和历史一起构成了一个宇宙,宇宙中有无限种可能的生活方式,每种生活方式都是我们可以选择或不予选择的。有一件事是肯定的:如果我们不能**想象**正在发生的某件事,我们也就不可能尽我们的力量**促使**它发生。没有做新事情的冲动,就不会有新事情发生。

萨登多夫还认为,未来思维使文学创作成为可能。

"想象小说基本上就是想象自己的未来。你脑海里构思的小说情节同样可以是你未来生活的模拟。你可以模拟你的故事与他人的关联,以及这种关联的程度、故事的现实性。当你想象自己是另一个人的时候,大脑的运作过程是一样的。记忆剧场实际上更像是一个思维剧场,你可以在这里讲述你过去或现在的故事,也可以请他人来扮演你的角色。"

希腊神话中,记忆女神摩涅莫绪涅(Mnemosyne)是9位缪斯女神的母亲,这些缪斯女神们统治着艺术,包括多种形式的文学。我们想象或创造的能力与记忆密切相关,这种观点一点也不新鲜。

"我想,记忆是我写任何东西的基础。"乌尔曼告诉我们,"当然,记忆本身并不是艺术。文学创作与简单复述你刚刚做的梦是不同的,你的创作过程需要你的记忆,但超越此时此刻的你。我写作时没有义务讲事实,我唯一的义务就是虚构故事。即使我把故事建立在个人记忆的基础上,这点也是正确的。"

就像现实生活中的记忆一样,她的回忆或许不太可靠,但不会削弱故事的情感力量。新的问题随之出现:窥视别人的生活和命运、感受和想法。

"在我基于记忆进行写作时,我发现记忆几乎就是想象。"她说。

在她的写作经历中,记忆片段能够组成我们称之为小说的东西。阅读小说时,它开启了你的思想时间机器。但这一次,思想时间机器将带你进入书中人物角色的海洋,带着你到达他们居住的地方。

未来主义者克杰(Anne Lise Kjær)是另一位笃信故事力量的人物。她为公司、组织和国家提供构建未来长期战略和营销工作的情景工具,刚刚结束为冰岛政府进行咨询的旅行。她的客户面很广,包括索尼、宜家、迪士尼和多所大学。

"我的秘密是,我是一个出色的故事讲述者,我把未来生动地呈现在我的客户眼前,这样他们就能亲眼看到未来。"克杰说。

她曾在丹麦接受设计教育,现在是一家总部设在伦敦的互联网大公司的CEO。她向我们解释她作为未来主义者的工作。很清楚的一点是,她在很大程度上使用**语言**来构建未来的场景。她用储备的知识和未来的可能性合成她的故事。她帮助建立一个趋势地图集,集合可能塑造未来的价值观和想法。这个图集有助于塑造未来的语义。这是一种精神乐高。通过使用这些趋势分析,她帮助客户勾勒出自己的未来愿景,即人们是否更倾向于休闲而不是赚更多的钱,或者气候变化和正念如何影响我们的选择。

"我的工作就是把这些点连接起来,这样未来就有可能出现。但有很多方式可以把这些点组合在一起,所以我们同时用平行的视角开展工作。"她试图从已存在的事物中发现规律。

"有时,你需要一张万能牌或通用符。有些场景不太可能发生,例如下绿色的雪!但有时候,我们需要进入对未来的展望。"她说,"未来不可能在水晶球里看到,我能做的只是提供一个路径图。"构建未来故事的能力使她成为成功的企业家。与萨登多夫一样,她知道,通过分析可能性、跟随可以产生特定结果的路线,我们能够塑造属于自己的未来。未来主义者不是算命先生。关于未来的知识大多数是被作为工具,她的客户们可以使用这些工具,影响他们自己的未来。

克杰的工作是帮助客户展望一个积极的未来,而另一些人想象的是大多数人都不会喜欢的全球未来,还有一小部分人则否认这些想象会成真。

全球气候变化政府间专家委员会(IPCC)是联合国指导下的一个科学组织,每一天为我们地球的未来工作着。斯坦福大学的马赫(Katharine Mach)是负责 IPCC 第五次报告的气候研究专家之一,这份报告于 2014 年发布,主题是人类过去对地球的影响以及未来我们将面对的风险。

"描绘漂浮在海面的冰是很容易的,它们来自融化的极地。那是有形的。"她告诉我们。

构成挑战的是,在远离我们的北极冰水中游泳求生的北极熊图像没有立即引起人类对气候危机的恐惧。我们都能想象到,北极海面上漂浮着冰,北极熊的冰山狩猎场融化消失,它们绝望地游动。但这只是斯瓦尔巴群岛和北极。若这是我们居住的地方,情况会怎么样?

"气候专家小组的工作着眼于两种截然不同的未来情景。"菲尔德(Chris Field)解释道,他是 IPCC 第五次报告第二工作小组的组长。作为卡内基大学全球生态学系的创始人和斯坦福森林环境科学研究所的所长,他无疑是世界气候变化研究领域的权威专家之一。

"一种情景是提出雄心勃勃的减排目标。另一种情景是无节制地持续高排放。"

他承认,长期以来气候研究人员一直不愿提供令人信服的情景,以说明气候变化是否影响及如何影响我们的未来。

"我们还没有充分谈论未来将会如何展开,也没有设想这些可怕情景对人们产生的心理冲击。"

世界末日的景象是容易想象的。但是,对大多数人来说,它们把人吓呆,而不是提供帮助。如果地球终将毁灭,那么现在试图阻止它又有什么意义呢?

"令人震惊的是,如果国际社会反应敏捷,我们本可实现限制全球气温上升的目标。"他说。

不分享这种震惊是不可能的。对我们来说,就好比是他和联合国气候专家委员会把地球这个星球的未来扛在了肩上。想象气候变化所代表的未来深渊,心情不会令人沮丧吗?马赫是一位年轻的高级研究人员,她对此已经非常熟悉。当她作为一名年轻科学家第一次了解气候变化的严重性时,她被深深地触动了。

"给我留下了深刻的印象。真的,这很可怕,从不知道到知道,就像从0快速变到100一样。现在,经过多年的研究,我越来越充满激情,还带着科学家热切的好奇心。"

在菲尔德和马赫对未来的愿景中,没有好莱坞反乌托邦的空间,没有自命不凡的得分,没有乔治·克鲁尼(George Clooney)或汤姆·克鲁斯(Tom Cruise)扮演的英雄角色。

"未来有三个时间范围非常关键,即近期、不久的将来(下一个十年)和遥远的未来,这三个时间都取决于我们在这里、在当下所做的事情。我们的工作是绘制所有这些情况。"马赫说道。

我们已经看到气候变化造成恶果的迹象,包括世界一些地区的严重干旱和极端天气频发。有剧烈森林火灾,例如不列颠哥伦比亚省和加利福尼亚州的森林火灾;有水患,例如得克萨斯州休斯敦的洪水泛滥,这是我们从未见过的飓风造成的。这些只是几个著名的例子。即使在挪威的避风港,气候也在变化,冬季降雪越来越少,暴风暴雨越来越多。

对菲尔德来说,时刻关注遥远的未来是非常重要的,即使变化在不远的将来更为明显。让我们感到惊讶的是,即便如此,他仍有与世界末日观点不同的看法。尽管气候变化将带来农作物减产、国际冲突加剧、越来越多的难民出现,但他坚信有理由保持乐观。

"持续变化的气候将激发发展。绿色能源的解决方案将得到推动,这将带来积极的变化,对于世界最贫穷的国家和地区而言尤为如此。气候变化有可能为世界带来更好的机会,使世界变得更美好,创造更强大、更具活力的社区。这可能是我们进行重大变革的机会。"菲尔德说。

"只要想象一下适应海平面上升的建筑物,沿海景观将是一幅什么模样。"马赫说道。她解释道,堤坝将水挡在海湾也可以纳入城市景观,它们可以用作住宅和办公室场地。让我们想象一下荷兰的版本,它著名的围海大堤使城市保持干燥,真像是类固醇激素驱动下做出的壮举!这就是我们的未来么?

"我们必须在特定的背景下描绘未来,以创建可以被人们用来激发实际发展的想法。"她说。

未来不仅仅是冰山随洋流而漂,融化入大洋,与上升的海平面成为一体,未来还有基于新思维而建造的城市。

对于IPCC来说,传达乐观情绪一直是很困难的事情。他们的形象是我们共有的愧疚感与道德心的表现。他们是人格化的好莱坞反乌托邦,穿着笔挺西装,召开新闻发布会,并在奥斯陆市政厅接受和平奖章。但他们承诺让我们意识到所有的可能性,以推动变革。他们敦促我们将未来分成更小的部分,每一部分都有可能被吞没,每一次吞没都会激发新的变革,伴随着我们步入不远的和遥远的未来。因为这就是未来的真相:它不在时间深渊的另一侧,而是一直在我们面前,就像河中的垫脚石(或者,就像大海中的浮冰,如果这样说可让你将其描绘出来)。看到两周后的未来,就可能引向一条通往遥远地平线的道路。公司企业可能找到此时此地对自己有利的解决方案;企业领导可能会构想出经济上的回报、实现新抱负的荣耀,以及在晚宴上高谈阔论自己业务的场景,这让他们感到无比自豪。他们可能不会幻想着,风中摇曳着的金色大麦田,以及被拯救的地球。毕竟,金钱和个人满足是驱动大多数人行动的原因。但是,第一块垫脚石的微小改变会使紧邻的下一块垫脚石发生变化,接着对整个大局产生影响。"我们不得不考虑心理上的未来,这确实关系到我们自己。"菲尔德说。马赫也认同这个观点。

也许,宏伟的好莱坞影片表达的"雄心勃勃的救援"并不是正确的方向,但菲尔德和马赫可能会赞同,通过电影和视频游戏,可以让人们参与更真实的未来模拟。

在萨登多夫看来,气候变化与人类进化是交织在一起的。因为我们可以开发新工具和展望未来,我们已经超越了直立人、尼安德特人和其他各种各样的人类物种。我们高度发展的远见卓识将我们带到了食物链的顶端。如今,我们将以我们文明创造的成果、适应性强的心智超越自我。"正是我们展望未来的能力让我们陷入困境,我们希望这种能力也能让我们逃离困境。为此,我们就有必要设想未来的替代版本了。既然我们能够轻易地知道所作所为的结果,那么我们就必须为这些结果承担责任。"

让变革成为可能的第一步,未来必须化为具体且有意义的东西才行。它必须互相关联。萨登多夫说,未来拯救地球的方法只有在符合人类的目标和偏好的情况下才会奏效。对他来说,保护热带雨林才是最重要的。他是西非大猩猩和印度尼西亚红毛猩猩保护工作的热心支持者。在进化心理学领域工作,他花了很多时间研究这些类人猿,包括动物园里的和野外的。"我们都有不同的动机。对一些人来说,物种的灭绝令人担忧。我们知道,为获得棕榈油,人们在曾经是红毛猩猩家园的地区种植人工棕榈林,直接后果就是导致红毛猩猩灭绝。真是悲剧!另一些人则可能不太关心猩猩,有些人甚至不相信人工造成的气候变化。但是,大多数人都可以看到可见的污染,例如空气中的烟雾、四周恶臭的垃圾,诸如此类。当你周围充斥污秽,你就不得不认真对待。因此,当你接触到这些人时,必须从呼吁解决环境问题入手。对一部分人来说,经济上的考量是更重要的。气候变化以各种各样的方式直接影响着经济的发展。我们必须建立对个人而言有意义的未来模型。毕竟,我们预见未来的能力是能适应新情况的。因此,我们应该有可能塑造出与人们动机相符的未来模型。"

知识是一颗种子,它携带着过去的经验和未来的蓝图。亚历山大图书馆曾经是一个金子似的种子库,它储存过大量的知识和智慧,记录着地中海文明的辉煌,直到2000年前被烧毁。现今,新的亚历山大图书馆在原址拔地而起,它像是一座桥梁,把古代文明与当代文化连接在一起。新的亚历山大图书馆由挪威斯诺赫塔建筑设计公司设计,这是一家国际知名的建筑设计公司。

"我是面向未来的产品设计师。无论我走到哪里,我都会看到新的可能、新的空间。"托森(Kjetil Trædal Thorsen)告诉我们。他是斯诺赫塔公司的创始人之一。

建筑设计师的工作就是构想未来的城市或其中的一部分,尤其是公共建筑,如图书馆、电影院、市政厅和歌剧院。这些建筑如何适应景观,以及它们揭示的可能性,将决定周围地区的命运。未来建筑包含应对气候危机的某些解决方案:我们可以设计一些房子,让它们产生比需求更多的能源,或把它们适当地安置以优化透过窗户的阳光量,或让它们启发我们对文明的新思考。他致力于使菲尔德和马赫的理想未来成真。

除了亚历山大图书馆之外,斯诺赫塔公司还是纽约世贸大厦遗址上"9·11"纪念博物馆入口亭的设计方。他们还在法国拉斯科设计了新的博物馆,拉斯科的山中,藏着世界上最古老、最美丽的洞窟壁画。挪威国家歌剧院延伸到奥斯陆峡湾,站在这座宛如冰川的大理石建筑的屋顶，整个奥斯陆城市尽收眼底，这堪称世界绝无仅有的建筑瑰宝。斯诺赫塔公司的建筑师使用与我们共通的记忆，即位置记忆，进行设计工作，他们面向未来的设计理念在每一件建筑作品中得到了体现。

"当然，作为建筑师，我们不会决定未来是什么。我们只是把对可能的未来的期望投射到我们设计的建筑物上。"托森说道。

对于挪威国家歌剧院，一切源于价值观：挪威人的平等精神、对自然和海洋的开放获取、社会民主，以及环境友好。建筑设计师谈论建筑如何展现威权或包容，如何体现高雅文化或流行文化。然后，他们谈论如何把传统上视为威权、高雅的建筑风格——例如，世界各地的大歌剧院——转变为代表挪威价值精神、接地气的建筑风格。一旦完工，建筑代表着对普通大众开放和有用的诸多方面。他们想到了这座城市中部的一座山。山脉在挪威人的脑海占有特殊的位置，它们是所有人免费体验并代表传统户外活动的地方。歌剧院依此而建，部分从海面跃出，连贯的白色表面犹如冰川一般，引导游客短距离步行到达山顶。

"为了成功完成一个项目，我们必须抓住社会发展趋势，我们的思想必须与已存在的事物产生共鸣。否则，我们的想法不可能发展成一个真正的项目。时机就是一切，必须让陪审团和委员们相信它。实际上，类似这样的建筑要想最终实现，必须有一系列的特殊事件。"托森解释道。

故事和想法，而不是大量的图画，是一系列伟大工程的开始。向未来主义者克杰致敬，托森认为用语言构建的思想是造就成功建筑的第一步。

"建筑设计就是讲故事，我们就像作家一样。如果我们将设计放到纸上，那么团队其他成员进一步的创造力就会消失。我们需要唤起开发的可能性、开放的图像和想法。这就是为什么我们在设计流程开始只使用简简单单的词汇。有时候，在集思广益的讨论会议上说出的即使不是很清楚的句子,也有可能触发美妙想法的诞生。"

斯诺赫塔公司激发了对未来的集体畅想。托森从不说这是自己的成就,他总是说这是"我们的"成就。

"成为披头士乐队的一员,比成为弗兰克·辛纳屈(Frank Sinatra)更好。我们始终一起工作。"

对于在社会背景下创造未来,建筑设计师们的思考方式与我们从萨登多夫那里听到的声音相呼应,后者认为,语言与社会的统一驱动着人类进化,为我们的文明奠定基础。

现在,斯诺赫塔公司在美国的纽约和旧金山、奥地利的因斯布鲁克、新加坡、瑞典的斯德哥尔摩和澳大利亚的阿德莱德均设有办事处,雇用了来自30个国家的180多名员工。当他们赢得挪威国家歌剧院的设计投标时,他们的公司开在市医院急诊室后面的一条破旧街道上,只有30名员工。

"每项工程对我们来说都很重要。但主要的项目,我一直坚持的观点,是斯诺赫塔本身,是这个办公室,它将会变成什么样子。"托森说。

斯诺赫塔公司的总部位于奥斯陆港口的一座老仓库里。老墙壁之内,是一个大而开放的办公空间。天花板上,成百上千个装满水的小塑料袋围成一圈。它们捕捉峡湾海面反射的光线,然后慢慢地旋转。有那么一瞬间,我们几乎想象到每个袋子里都装有一只小小的海马。

"这种廉价的枝形吊灯是我们为一次聚会而制作的,我们决定保留它。最初,有人想在每盏灯中放入一条金鱼。但这确实有点不道德。"公关人员告诉我们。

她与我们在这里遇到的其他人一样,热情和放松。我们多想琢磨这里的每个角落。这里的建筑设计师们思想开放、充满好奇心。

往下步行百来米就是港口。我们沿着海滨漫步,歌剧院就在前方不远处。海水微闪,阳光拥着夏日将至的希望,晃得我们几乎睁不开眼。几个月前,同样的海水淹没了我们的潜水员朋友,当时他们下潜到15米深处进行我们的记忆测试实验。那时,峡湾是黑色、灰蒙蒙的,水面反射着多云的天空。雨倾泻而下,风凛冽难当。现在已是6月,当时的情景似乎已经远去:我们的咖啡纸杯被雨水浸透,穿着氯丁橡胶套装的潜水员在准备潜水时乐观地在水里挥舞着手,而我们被留在了陆地,在2月的雨中颤抖。我们期望永不忘却的经历是如此之快地消融在模糊记忆之中。

歌剧院高高的窗户捕捉着阳光。房间里,温暖的橡树覆盖着大部分墙壁,还有冰岛艺术家埃利亚松制作的五彩缤纷的折纸样板。这位艺术家在丹麦阿罗斯奥胡斯艺术博物馆里建了一座彩虹隧道,奥胡斯正是贝恩特森开展自传体记忆研究的城市。

歌剧院里满是游客和普通奥斯陆公民,人们穿着盛装或牛仔裤,听着音乐。一名父亲和他的女儿在屋顶用自拍杆拍照,孩子们欢快地笑闹着。峡湾闪闪的光芒拥抱着这一切。

于尔娃:那你对记忆有了什么了解,希尔德?我的意思是,在我们写这本书的时候。

希尔德:很多事情让我感到惊讶。我已经意识到记忆与身份无关。个性测试无法衡量我们能记住多少。与此同时,我感觉到被自己的记忆所困。它们不会随年龄的增长而变弱,而更像是我透过棱镜察看自己的记忆,我看到了不同的颜色,但是原始的颜色永不消失。事件于今日比于昨日更令人印象深刻。

于尔娃:照你这么说,记忆怎么会与我们是谁**无关**?

希尔德:不,那是真的,我也是"我"的记忆。然后,我思考了我生命中所有不可思议的时刻。这么多独特的事情只发生在我身上,恰好在历史的这一刻。我无法再次回到我过去生活的任何一个时刻,我只是经历了这些时刻,宛如把整个记忆银河系装进了我的大脑!

于尔娃:是的!太空中存在着数万亿个星系,我们的记忆也是如此,满载不可思议的时时刻刻。这就是我想学习心理学的原因,我想了解我们的内部宇宙如何工作的更多信息。

希尔德:这也是我想成为一名作家的原因。我相信我们所有人都自认为是正常、有序和理性的,而实际上我们受思想、梦想、希望甚至是自己都不清楚的某种愿望支配和引导。我对记忆为何是讲故事的核心进行了很多思考;我们从记忆本身获得了很多讲故事的技巧。当我写作时,我采用两种模式:要么是"过去曾经是某种方式",要么是"然后某种新的事情发生"。在好莱坞影片中,他们总是先呈现一种初始状态,给我们一种熟悉的感觉即我们本书提到的累积记忆,然后某些难以置信的事情发生(通常是20分钟左右或更短的时间内),对应于我们记忆中那些突出的、独特的时刻。然后,就是预测和回闪,这也是我们生活中一直在做的事情。我们旅行步入过去和未来。然后出现一个悬念,故事在激动人心的时刻突然出现某人处于命悬一线的险境,等到很晚我们才会知道到底发生了什么。这就是生活。我们很少想到谜语的答案,直到一段时间过去。我们一直都和悬念生活在一起。

于尔娃:是的,生活故事,就是记忆的存在方式。我们一生生活在关于自我和世界的故事中,这就是记忆的全部。小说中有隐喻和象征,我们会在生活中寻找这些隐喻和象征的内容。我们在寻找连贯性。当事件过去,留在我们大脑里的只是对事件的印象,它是场景和故事的表征。

希尔德：但是**你**学到了什么呢？可能什么都没有，因为你是记忆专家？

于尔娃：当我进行那个为期100天的实验时，我终于体验到成为自己的病人之一的感觉。我不得不努力记住那100天中的每一天。与我的病人所遇到的记忆问题相比，这当然是荒谬的。但是，我想，这种揪心的努力，以及追踪必须记住的一切的情形，与我的病人是非常相似的。

希尔德：我会很高兴地忘却生活中的一些消极经历。我不在乎它们是否会永远消失。摆脱某些事情，放手丢掉某些经历是一种解脱。遗忘的意义被低估了。

于尔娃：悲伤的回忆也可以是项链上的珍珠。情况不会因为我们忘却不愉快的经历而变好。我要为每天发生的遗忘说几句公道话。仅仅过着日子，放弃尝试记住每一件事情，这种感觉真是太好了。我会记住某个特殊的日子，虽然我不确定是一周内的哪一天，但不要紧。人们似乎对记忆力很着迷，认为记忆力好会使他们变得更聪明。我能理解这种痴迷。我本人也非常热衷于思考记忆，并以最佳的方式使用记忆。但是，凡事都有两面性。对记忆力的担忧正在变为一种征兆，指示着我们社会对于完美的标准是多么荒谬：我们不仅应该看起来不错，还应该记忆得很完美。而我要说的是，忘却事情是正常的，记忆不可能是完美的。

希尔德：想象一下，如果我们能够永生，任何事情都不再是重要的了，任何时刻都不会被视为重要的或独特的。

于尔娃：是的。正因为如此，未来的重要性就更加明显——整个未来将永恒地存在于我们眼前。但是，我们曾如此热烈地谈论的那些独一无二的时刻，我不知道我是否还认可那就是我们找到生活魅力的地方。我不记得儿子学步时迈出的第一步，而每当我想起这件事我就会很难过。我不应该记住他学步时迈出的第一步么？同时，我对他小时候的美好记忆实际上就是一个累积记忆。我躺在他的身边，闻他的头发，依偎着他的小身体，所有这些时光累积成了记忆。但为什么这些记忆不如他开始走路的那一刻珍贵？

希尔德：这是不是说，记忆不全都是完美的？

于尔娃：不管怎样，记忆都是重构的。孩子走路的第一步像是许多记忆片段的总和，是一种重构。我们渴望保留每一段记忆：美丽而珍贵的东西将永远存在。但那不会再发生了，这也许就是你要写作的原因，对吗？

希尔德：是的。写作的奇妙之处就在于，它能够记录和保存珍贵的时刻。

于尔娃：或许还有一些不珍贵的时刻，你也许也会把它们记录下来？

希尔德：是的，这些也是。当我写书时，记忆变得超现实。它们变得非常生动，以至于我感觉到自己可以触摸到它们。我相信记忆是人工制作的，起码在我进行回忆时，就像我在寻找一段快乐的时光，这些快乐时光总是萦绕在我的脑海里。

于尔娃：最近我一直在思考一件事情：正念已经给未来思维取了一个不好的名字。就像"思想漫游"慢慢变成坏事、我们必须控制的事一样！可是，随心所欲的思想漫游是很自然的，我们需要时间去回顾过去，我们同样需要时间去展望未来，而且不是被强迫着这样做。所谓自然状态下的静息态大脑，它实则是在过去与未来间漫游。

当我们谈性正浓时，一艘游艇驶近歌剧院。它似乎不知从哪里冒出来的，因为突然间它就出现在那里。船上搭乘着盛装打扮的人们。他们显然是在峡湾租了这艘船，一整夜在船上喝酒、唱歌、跳舞。大家正在为舞台上表演的瑞典说唱歌手廷巴克图（Timbuktu）演唱而欢呼。这歌手正在漠然地说唱，歌中讲述的是一个没人愿意播种的世界，人们只想着自己不顾他人。游艇在歌剧院前右转。这几乎就像是为我们安排的。

我们很容易从游艇上"看到"我们这本书里聊到过的每一个人：爱德华·莫瑟尔和勒莫；马圭尔，她正忙着规划一年的旅行；伦敦的出租车司机；癫痫患者特雷西·伦和她那乖巧地陪伴在她身边的宠物狗；于特岛事件幸存者阿德里安·普拉孔，他梦想着成为未来的恐怖主义研究者；创伤研究者布利克斯；心理学家克乔斯；作家乌尔曼，她正在构思她的下一部小说；气候专家菲尔德，他正在努力尝试防止气温升高2℃。我们可以看到我们的姐姐唐杰，如今她已退出高空跳伞运动；温德·奥莫特，他已移居奥地利；亨利·莫莱森；歌剧演员魏瑟尔，他正在排练歌剧《奥涅金》；以及坐在舷窗旁的刑事调查员拉什莱夫和他的女儿。所有这些人，以及其他没有提及名字的人，他们帮助我们更好地理解记忆，并与我们分享他们的研究、他们的观点以及他们的人生故事。

游艇上的音乐不断地向夏日的夜空传递着令人沮丧的信息。也许，我们需要为这本书献上一首完全不同的歌，而不是廷巴克图的说唱乐。也许，我们的记忆在欺骗我们。你听，那首安静的、披头士乐队演唱的《在我的生命里》（In My Life），正在这6月的夜晚飞扬于整个奥斯陆峡湾，4位英国音乐家歌唱着所有的美好时光，唱出你对一生中爱着的和失去的所有人的美好回忆！

游艇渐渐驶离我们，向着峡湾远处，朝着夕阳方向。你，本书的读者，可以自行选择下载你喜欢的音乐。是什么让你想起大海？是什么让你感动不已？那些听起来最棒的音乐，就在你的记忆里！

音乐消失了，游艇在朦胧的夏日傍晚消失了。所有出现在本书的人物，我们现在让他们离开。他们驶向世界，走向未来。他们所知道的一切，所拥有的经历与回忆，将用于塑造世界，让这个世界变得更加美好，更加不同，更加崭新。

现在，轮到你了！

参考资料

此处未列出的参考资料来自作者2015年11月至2016年5月进行的采访。

第一章

001—002　海马的发现：Shyamal C. Bir, Sudheer Ambekar, Sunil Kukreja, and Anil Nanda, "Julius Caesar Arantius (Giulio Cesare Aranzi, 1530–1589) and the Hippocampus of the Human Brain: History behind the Discovery," *Journal of Neurosurgery* 122, no. 4 (2015): 971–75, doi: 10.3171/2014.11.JNS132402.

003　亨利·莫莱森的手术：William Beecher Scoville and Brenda Milner, "Loss of Recent Memory after Bilateral Hippocampal Lesions," *Journal of Neurology, Neurosurgery, and Psychiatry* 20, no. 1 (1957): 11–21.

005　斯科维尔的忏悔：出处同上。

005　亨利的生活与科学的发现：Suzanne Corkin, *Permanent Present Tense: The Man with No Memory, and What He Taught the World* (London: Allen Lane/Penguin Books, 2013).

005　亨利感知时间的能力：出处同上。

006　亨利的迷宫实验：出处同上。

006　"我原以为会很难"：亨利·莫莱森的原话，米尔纳在很多场合引述过。"Memory as a Life's Work: An Interview with Brenda Milner," interview by Maria Schamis Turner, The Dana Foundation, March 18, 2010, http://www.dana.org/News/Details.aspx?id=43060.

008　"这真是一件非常有趣的事情"，"我正活着，我学习着，我就是记不着"：亨利·莫莱森的原话。Corkin, *Permanent Present Tense*, 113.

008　所罗门·谢里谢夫斯基：Alexander R. Luria, *The Mind of a Mnemonist: A Little Book about a Vast Memory*, trans. Lynn Solotaroff (Cambridge: Harvard University Press, 1968).

011　"我们相信，对他的大脑开展研究，同样会引起巨大的关注"：Jacobo Annese, "Welcome to Project H.M.," Brain Observatory, accessed May 20, 2014, http://brainandsociety.org. For further information on 更多关于 H. M. 计划（Project H. M.）和 H. M. 的脑网络图谱，见 https://www.thebrainobservatory.org/project-hm/.

011　马圭尔的研究让她能"看见"记忆：Martin J. Chadwick et al., "Decoding Individual Episodic Memory Traces in the Human Hippocampus," *Current Biology* 20, no. 6 (2010): 544–47, doi: 10.1016/j.cub.2010.01.053.

012 "记忆战争",综述与未来研究:Lawrence Patihis et al., "Are the 'Memory Wars' Over? A Scientist-Practitioner Gap in Beliefs about Repressed Memory," *Psychological Science* 25, no. 2 (2014): 519–30. doi: 10.1177/0956797613510718.

013 一些人坚信,海马只是记忆的临时存储位点:Larry R. Squire, "Memory Systems of the Brain: A Brief History and Current Perspective," *Neurobiology of Learning and Memory* 82, no. 3 (2004): 171–77, doi: 10.1016/j.nlm.2004.06.005.

013 另一些人则认为,海马在我们每次回忆时都参与:Morris Moscovitch et al., "Functional Neuroanatomy of Remote Episodic, Semantic and Spatial Memory: A Unified Account Based on Multiple Trace Theory," *Journal of Anatomy* 207, no. 1 (2005): 35–66, doi: 10.1111/j.1469-7580.2005.00421.x.

013 "相反,记忆是一个非常复杂的表征":William James, *The Principles of Psychology* (New York: Henry Holt and Company, 1890), 651, https://archive.org/details/theprinciplesofp01jameuoft.

014 神经元连接的发现(早在极地探险之前):Fridtjof Nansen, *The Structure and Combination of the Histological Elements of the Central Nervous System* (Bergen: J. Grieg, 1887).

第二章

016 最初的潜水记忆实验:Duncan R. Godden and Alan D. Baddeley, "Context-Dependent Memory in Two Natural Environments: On Land and Underwater," *British Journal of Psychology* 66, no. 3 (1975): 325–331, doi: 10.1111/j.2044-8295.1975.tb01468.x.

018 只有36%的心理学实验的结果得到证实:Open Science Collaboration, "Estimating the Reproducibility of Psychological Science," *Science* 349, no. 6251 (2015): aac4716, doi: 10.1126/science.aac4716.

019 15世纪与16世纪作为魔法的记忆:Frances A. Yates, *The Art of Memory* (Harmondsworth: Peregrine Books, 1969).

022 布利斯和勒莫对大脑记忆痕迹的首次报道:T. V. P. Bliss and T. Lømo, "Long-Lasting Potentiation of Synaptic Transmission in the Dentate Area of the Anaesthetized Rabbit following Stimulation of the Perforant Path," *Journal of Physiology* 232, no. 2 (1973): 331–56, doi: 10.1113/jphysiol.1973.sp010273.

023 约翰·奥基夫对海马位置细胞的发现:J. O'Keefe and J. Dostrovsky, "The Hippocampus as a Spatial Map: Preliminary Evidence from Unit Activity in the Freely-Moving Rat," *Brain Research* 34, no. 1 (1971): 171–75, doi: 10.1016/0006-8993(71)90358-1.

023 内嗅皮层(位于海马旁边)的网格细胞的发现在哈夫廷(Torkel Hafting)

等人的论文（莫瑟尔夫妇为共同作者）及其他地方有详细描述：Torkel Hafting et al., "Microstructure of a Spatial Map in the Entorhinal Cortex," *Nature* 436, no. 7052 (2005): 801-6, doi: 10.1038/nature03721.

025　加利福尼亚州的研究人员在小鼠上发现，记忆存储在海马的记忆网络：Denise J. Cai et al., "A Shared Neural Ensemble Links Distinct Contextual Memories Encoded Close in Time," *Nature* 534, no. 7605（2016）: 115-18, doi: 10.1038/nature17955.

027　马圭尔的"读心机"：Chadwick et al., "Decoding Individual Episodic Memory Traces."

027　记忆不是静止不变的：Heidi M. Bonnici, Martin J. Chadwick, and Eleanor A. Maguire, "Representations of Recent and Remote Autobiographical Memories in Hippocampal Subfields," *Hippocampus* 23, no. 10（2013）: 849-54, doi: 10.1002/hipo.22155.

030　大象雪莉和珍妮分开20年后见面认出彼此的故事，在媒体有广泛报道，其中包括：Sophie Jane Evans, "Elephants REALLY Never Forget," *Mail Online*, March 12, 2014, http://www.dailymail.co.uk/news/article-2579045/ElephantsREALLY-never-forget-How-freed-circus-animals-Shirley-Jennylocked-trunks-hugged-played-met-time-20-years.html.

032　具有记忆的黏菌：Tetsu Saigusa et al., "Amoebae Anticipate Periodic Events," *Physical Review Letters* 100, no. 1 (2008): 018101, doi: 10.1103/PhysRevLett.100.018101.

032　黏菌能解决U形陷阱问题：Chris R. Reid et al., "Slime Mold Uses an Externalized Spatial 'Memory' to Navigate in Complex Environments," *Proceedings of the National Academy of Sciences of the USA* 109, no. 43 (2012): 17490-94, doi: 10.1073/pnas.1215037109.

034　亨利·莫莱森只有关于他自身过去的语义记忆：Sarah Steinvorth, Brian Levine, and Suzanne Corkin, "Medial Temporal Lobe Structures Are Needed to Re-Experience Remote Autobiographical Memories: Evidence from H.M. and W.R.," *Neuropsychologia* 43, no. 4 (2005): 479-96, doi: 10.1016/j.neuropsychologia.2005.01.001.

035—036　医学生在学习环境之外也能记得很好：Andrew P. Coveney et al., "Context Dependent Memory in Two Learning Environments: The Tutorial Room and the Operating Theatre," *BMC Medical Education*, 13 (2013): 118, doi: 10.1186/1472-6920-13-118.

第三章

039　普鲁斯特《过往事情的记忆》（后译成《追忆似水年华》）第一卷：Marcel Proust, *Remembrance of Things Past* (later translated as *In Search of Lost Time*) vol. 1,

Swann's Way, trans. C. K. Scott Moncrieff (New York: Henry Holt and Company, 1922), epub edition at http://www.gutenberg.org/ebooks/7178.

040　日本电影《下一站，天国》：是枝裕和（Hirokazu Koreeda）于1998年导演。

041　贝恩特森在她的《回忆》一书中总结了关于个人记忆的研究（译本）：Dorthe Berntsen and David C. Rubin, eds., *Understanding Autobiographical Memory: Theories and Approaches* (Cambridge: Cambridge University Press, 2012).

041　记忆高峰：出处同上。

043　克瑙斯高的《我的奋斗》，共6卷，英语版迄今已出版5卷：Karl Ove Knausgård, *My Struggle*, 6 vols. (5 vols. published in English to date), trans. Don Bartlett, various publishers. Originally published as *Min kamp* (Oslo: Forlaget Oktober, 2009–11).

044—045　奥尔德林回忆登月：Buzz Aldrin and Ken Abraham, *Magnificent Desolation: The Long Journey Home from the Moon* (New York: Harmony Books, 2009), 33–38 passim.

046　如何捕捉人们日常生活中的自发记忆：Anne S. Rasmussen, Kim B. Johannessen, and Dorthe Berntsen, "Ways of Sampling Voluntary and Involuntary Autobiographical Memories in Daily Life," *Consciousness and Cognition* 30 (2014): 156–68, doi: 10.1016/j.concog.2014.09.008.

046　村上春树在小说《挪威的森林》里描述了音乐如何唤醒记忆：Haruki Murakami, *Norwegian Wood*, trans. Jay Rubin (New York: Vintage Books, 2000), 3.

049　"我想看看会发生什么"：Linn Ullmann, *Unquiet* (New York: W.W. Norton, forthcoming).

050　"要形成记忆，就要一次又一次地环顾四周"：Ullmann, *Unquiet*.

051　威廉·詹姆斯和亨利·詹姆斯两兄弟对记忆持不同的观点：William James, *Principles of Psychology*. And Henry James, *A Small Boy and Others* (1913, Project Gutenberg, EBook #26115, 2008), 2, http://www.gutenberg.org/files/26115/26115-h/26115-h.htm.

052　海马像一场演出的导演，指挥着记忆的各种元素，并把它们整合起来：Moscovitch et al., "Functional Neuroanatomy."

052　关于个人记忆的大脑功能磁共振成像研究的综述：Philippe Fossati, "Imaging Autobiographical Memory," *Dialogues in Clinical Neuroscience* 15, no. 4 (2013): 487–90.

053　大脑的"默认模式网络"：Randy L. Buckner and Daniel C. Carroll, "Self-Projection and the Brain," *Trends in Cognitive Sciences* 11, no. 2 (2007): 49–57, doi: 10.1016/j.tics.2006.11.004.

053　功能磁共振成像研究的陷阱——晚餐盘子里的优美鲑鱼：Craig M. Bennett et al., "Neural Correlates of Interspecies Perspective Taking in the Post-Mortem Atlantic Salmon: An Argument for Multiple Comparisons Correction" (poster presented at the 15th annual Organization for Human Brain Mapping conference, San Francisco, CA, June 2009), http://prefrontal.org/files/posters/Bennett-Salmon-2009.pdf.

《科学美国人》(*Scientific American*) 2012年9月25日刊登了一篇优秀的博客文章,对这项研究做了总结,题为"神经科学搞笑诺贝尔奖——对死鲑鱼的研究": The Dead Salmon Study," September 25, 2012, http://blogs.scientificamerican.com/scicurious-brain/ignobel-prize-in-neuroscience-the-dead-salmon-study/.

054　抑郁症患者少有清晰的个人记忆: J. Mark G. Williams et al., "The Specificity of Autobiographical Memory and Imageability of the Future," *Memory and Cognition* 24, no. 1 (1996): 116–25, doi: 10.3758/BF03197278.

055　激活正性记忆以"治疗"抑郁症: Steve Ramirez et al.(利根川进为共同作者),"Activating Positive Memory Engrams Suppresses Depression-Like Behaviour," *Nature* 522, no. 7556 (2015): 335–39, doi: 10.1038/nature14514.

055　悲伤(情绪)记忆的学生分组实验使用的情绪图片: Elise S. Dan-Glauser and Klaus R. Scherer, "The Geneva Effective Picture Database (GAPED): A New 730-Picture Database Focusing on Valence and Normative Significance," *Behavior Research Methods* 43, no. 2 (2011): 468–77, doi: 10.3758/s13428-011-0064-1. 相关(压抑情绪)材料可下载自 http://www.affective-sciences.org/home/research/materials-and-online-research/research-material/.

056　塔尔文对语义记忆和情景记忆的解释: Endel Tulving, "Episodic and Semantic Memory," in *Organization of Memory*, eds. Endel Tulving and Wayne Donaldson (New York: Academic Press, 1972), 381–402.

057　苏茜·麦金农讲述她如何发现她的记忆与众不同: Helen Branswell, "Susie McKinnon Can't Form Memories about Events in Her Life," *Huffington Post*, April 28, 2015, http://www.huffingtonpost.ca/2015/04/28/living-with-sdam-woman-has-no-episodic-memory-can-t-reliveevents-of-past_n_7161776.html.

057　苏茜·麦金农的记忆异常的科学描述: Daniela J. Palombo et al.(莱文为共同作者),"Severely Deficient Autobiographical Memory (SDAM) in Healthy Adults: A New Mnemonic Syndrome," *Neuropsychologia* 72 (2015): 105–18, doi: 10.1016/j.neuropsychologia.2015.04.012.

057　阿尔内·克瓦尔维克《我和我的表妹奥拉——生与死及其一切》: Arne Schrøder Kvalvik, *Min fetter Ola og meg: Livet og døden og alt det i mellom.* (Oslo: Kagge Forlag, 2015).

059　关于超常自传体记忆的科学描述: Aurora K.R. LePort et al., "Behavioral and Neuroanatomical Investigation of Highly Superior Autobiographical Memory (HSAM)," *Neurobiology of Learning and Memory* 98, no. 1 (2012):78–92, doi: 10.1016/j.nlm.2012.05.002.

062　所有关于阿德里安·普拉孔的引述均来自我们对他的访谈,他在自己的书《心与石——一名于特岛幸存者的故事》也叙述了他的故事: *Hjertet mot steinen:*

En overlevendes beretning far Utøya (Oslo: Cappelen Damm, 2012).

065　"闪光灯记忆"：Roger Brown and James Kulik, "Flashbulb Memories," *Cognition* 5, no. 1 (1977): 73–99, doi: 10.1016/0010-0277(77)90018-X.

关于"闪光灯记忆"的不同结论来自对"9·11"事件长达10年的一项跟踪研究，这是有史以来有关这类主题最好的研究之一：William Hirst et al., "A Ten-Year Follow-up of a Study of Memory for the Attack of September 11, 2001: Flashbulb Memories and Memories for Flashbulb Events," *Journal of Experimental Psychology: General* 144, no. 3 (2015), 604–23, doi: 10.1037/xge0000055.

066　创伤记忆与普通记忆没什么不同，只是强度最大而已：David C. Rubin, Dorthe Berntsen, and Malene Klindt Bohni, "A Memory-Based Model of Posttraumatic Stress Disorder: Evaluating Basic Assumptions underlying the PTSD Diagnosis," *Psychological Review* 115, no. 4 (2008): 985–1011, doi: 10.1037/a0013397.

067　2011年奥斯陆爆炸事件对207名政府雇员的调查问卷：Øivind Solberg, Ines Blix, and Trond Heir, "The Aftermath of Terrorism: Posttraumatic Stress and Functional Impairment after the 2011 Oslo Bombing," *Frontiers in Psychology* 6 (2015): article 1156, doi: 10.3389/fpsyg.2015.01156.

068　布利克斯称之为"中心化"：Ines Blix et al., "Posttraumatic Growth and Centrality of Event: A Longitudinal Study in the Aftermath of the 2011 Oslo Bombing," *Psychological Trauma: Theory, Research, Practice, and Policy* 7, no. 1 (2015): 18–23, doi: 10.1037/tra0000006.

068　创伤后应激障碍患者的海马体积比正常人的海马体积要小，双胞胎有类似大小的海马，即使其中一个并未受过创伤：Mark W. Gilbertson et al., "Smaller Hippocampal Volume Predicts Pathologic Vulnerability to Psychological Trauma," *Nature Neuroscience* 5, no. 11 (2002): 1242–47, doi: 10.1038/nn958.

069　创伤后应激障碍有可能导致一般记忆上的受损：Claire L. Isaac, Delia Cushway, and Gregory V. Jones, "Is Posttraumatic Stress Disorder Associated with Specific Deficits in Episodic Memory?" *Clinical Psychology Review* 26, no. 8 (2006): 939–55, doi: 10.1016/j.cpr.2005.12.004.

069　创伤后应激障碍的治疗方法：Jonathan I. Bisson et al., "Psychological Therapies for Chronic Post-Traumatic Stress Disorder (PTSD) in Adults," *Cochrane Database of Systematic Reviews*, no. 12 (2013): article CD003388, doi: 10.1002/14651858.CD003388.pub4.

070　俄罗斯方块游戏——用于治疗创伤记忆的"疫苗"：Emily A. Holmes et al., "Key Steps in Developing a Cognitive Vaccine against Traumatic Flashbacks: Visuospatial *Tetris* versus Verbal Pub Quiz," *PLOS ONE* 5, no. 11 (2010): article e13706. doi: 10.1371/journal.pone.0013706.

071　于特岛枪击事件幸存者的创伤后应激障碍：Petra Filkuková et al., "The Relationship between Posttraumatic Stress Symptoms and Narrative Structure among

Adolescent Terrorist‑Attack Survivors," *European Journal of Psychotraumatology* 7, no. 1 (2016): article 29551, doi: 10.3402/ejpt.v7.29551.

第四章

075　"虚假记忆档案"：Selected Submissions, A. R. Hopwood's False Memory Archive Website, https://www.falsememoryarchive.com.

077　记忆是不可靠的和重构的：Daniel L. Schacter, "The Seven Sins of Memory: Insights from Psychology and Cognitive Neuroscience," *American Psychologist* 54, no. 3 (1999): 182–203, doi: 10.1037/0003-066x.54.3.182.

078　指认两名俄克拉何马城爆炸案实施者的目击证人：Daniel L. Schacter and Donna Rose Addis, "Constructive Memory: The Ghosts of Past and Future," *Nature* 445, no. 27 (2007), doi: 10.1038/445027a.

079　自传体记忆好的人记住更多错误的细节：Lawrence Patihis et al.（洛夫特斯为共同作者）, "False Memories in Highly Superior Autobiographical Memory Individuals," *Proceedings of the National Academy of Sciences of the USA* 110, no. 52 (2013): 20947–52, doi: 10.1073/pnas.1314373110.

079　所罗门·谢里谢夫斯基对童年的生动记忆：Luria, *Mind of a Mnemonist*.

080　给小鼠植入记忆：Gaetan de Lavilléon et al., "Explicit Memory Creation during Sleep Demonstrates a Causal Role of Place Cells in Navigation," *Nature Neuroscience* 18, no. 4 (2015): 493–95, doi: 10.1038/nn.3970.

080　相对没那么愉快的光遗传学实验：Steve Ramirez et al., "Creating a False Memory in the Hippocampus," *Science* 341, no. 6144 (2013): 387–91, doi: 10.1126/science.1239073.

082　电视上的抢劫剧：Robert Buckhout, "Nearly 2,000 Witnesses Can Be Wrong," *Bulletin of the Psychonomic Society* 16, no. 4 (1980): 307–10, doi: 10.3758/BF03329551. The TV broadcast itself aired on December 19, 1974.

082　著名的芦笋和它步入志愿者记忆的方式：Cara Laney et al.（洛夫特斯为共同作者）, "Asparagus, a Love Story: Healthier Eating Could Be Just a False Memory Away," *Experimental Psychology* 55, no. 5 (2008): 291–300, doi: 10.1027/1618-3169.55.5.291.

082　关于鸡蛋沙拉食物中毒的虚假记忆导致很多与鸡蛋相关的食物习惯发生改变：Elke Geraerts et al.（洛夫特斯为共同作者）, "Lasting False Beliefs and Their Behavioral Consequences," *Psychological Science* 19, no. 8 (2008): 749–53, doi: 10.1111/j.1467-9280.2008.02151.x.

082　洛夫特斯经典的汽车碰撞实验：Elizabeth F. Loftus and John C. Palmer, "Reconstruction of Automobile Destruction: An Example of the Interaction between Language and Memory," *Journal of Verbal Learning and Verbal Behavior* 13, no. 5 (1974): 585–89, doi: 10.1016/S0022-5371(74)80011-3.

083　洛夫特斯让人相信他们曾在购物中心迷路：Elizabeth F. Loftus and Jacqueline E. Pickrell, "The Formation of False Memories," *Psychiatric Annals* 25, no. 12 (1995): 720–25, doi: 10.3928/0048-5713-19951201-07.

083　爱伦·坡关于热气球的恶作剧广告：*New York Sun* April 13, 1844.

084　经图像处理的高空热气球：Kimberley A. Wade et al.(加里为共同作者), "A Picture Is Worth a Thousand Lies: Using False Photographs to Create False Childhood Memories," *Psychonomic Bulletin and Review* 9, no. 3 (2002): 597–603, doi: / 10.3758/BF03196318.

090　关于操纵的虚假记忆存在的核心综述：Chris R. Brewin and Bernice Andrews, "Creating Memories for False Autobiographical Events in Childhood: A Systematic Review," *Applied Cognitive Psychology* 31, no. 1 (2017): 2–23, doi: 10.1002/acp.3220.

同时，参阅关于这篇核心综述的博客文章 Henry Otggar, "Why We Disagree with Brewin and Andrews," *Forensische Psychologie Blog*, June 1, 2016, https://fpblog.nl/2016/06/01/why-brewin-and-andrews-are-just-completely-wrong/.

091　警察的粗心错误如何导致虚假记忆：Kevin J. Cochrane et al.(洛夫特斯为共同作者), "Memory Blindness: Altered Memory Reports Lead to Distortions in Eyewitness Memory," *Memory and Cognition* 44, no. 5 (2016):717–26, doi: 10.3758/s13421-016-0594-y.

091　"无辜计划"：http://www.innocenceproject.org. Referenced in: Elizabeth F. Loftus, "25 Years of Eyewitness Science ... Finally Pays Off," *Perspectives on Psychological Science* 8, no. 5 (2013): 556–57, doi: 10.1177/1745691613500995.

092　马格努森关于目击者心理学的重要综述(结合挪威司法例子)：*Vitnepsykologi: Pålitelighet og troverdighet i dagligliv og rettssal* (Oslo: Abstrakt Forlag, 2004).

092　严重的创伤记忆很少会突然出现：Gail S. Goodman et al., "A Prospective Study of Memory for Child Sexual Abuse: New Findings Relevant to the Repressed-Memory Controversy," *Psychological Science* 14, no. 2 (2003): 113–18, doi: 10.1111/1467-9280.01428.

094　洛夫特斯(共同作者)剥夺受试者睡眠，以让他们"坦白"：Steven J. Frenda et al., "Sleep Deprivation and False Confessions," *Proceedings of the National Academy of Sciences of the USA* 113, no. 8 (2016): 2047–50, doi: 10.1073/ pnas.1521518113.

094　年轻时严重罪行的虚假记忆：Julia Shaw and Stephen Porter, "Constructing Rich False Memories of Committing Crime," *Psychological Science* 26, no. 3 (2015): 291–301, doi: 10.1177/0956797614562862.

098　格维兹永松对虚假供述的讨论：*The Psychology of Interrogations and Confessions: A Handbook* (West Sussex, UK: Wiley, 2003).

099　拉什莱夫的博士学位论文："Justisfeil ved politiets etterforskning: Noen eksempler og forskningsbaserte mottiltak"（PhD diss., University of Oslo, 2009）, http://urn.nb.no/URN:NBN:no-23961.

099　对犯罪者的描述引自拉什莱夫的博士学位论文。

101　霍斯特《无妄之灾》（译本）：Jørn Lier Horst, *Ordeal*, trans. Anne Bruce (Dingwall, UK: Sandstone Press, 2016).

105　洛夫特斯做过"你的记忆有多可靠"的TED演讲："How Reliable Is Your Memory?" TEDGlobal, June 2013, https://www.ted.com/talks/elizabeth_loftus_the_fiction_of_memory.

第五章

107　伟大的出租车司机实验（伦敦出租车司机有着与常人不一样的海马）：Eleanor A. Maguire et al., "Navigation-Related Structural Change in the Hippocampi of Taxi Drivers," *Proceedings of the National Academy of Sciences of the USA* 97, no. 8（2000）: 4398-403, doi: 10.1073/pnas.070039597.

109　马圭尔对搞笑诺贝尔奖的描述："The 2003 Ig Nobel Prize Winners," Improbable Research（website）, https://www.improbable.com/ig/winners/#ig2003.

110　伟大的出租车司机实验，第二部分（知识训练改变大脑）：Katherine Woollett and Eleanor A. Maguire, "Acquiring 'The Knowledge' of London's Layout Drives Structural Brain Changes," *Current Biology* 21, no. 24（2011）: 2109-14, doi: 10.1016/j.cub.2011.11.018.

112　无论小鼠还是人类，大脑一些部位都不断"出生"神经元：Peter S. Eriksson et al., "Neurogenesis in the Adult Human Hippocampus," *Nature Medicine* 4, no. 11（1998）: 1313-17, doi: 10.1038/3305.

112　海马新生神经元：Leonardo Restivo et al., "Development of Adult-Generated Cell Connectivity with Excitatory and Inhibitory Cell Populations in the Hippocampus," *Journal of Neuroscience* 35, no. 29（2015）: 10600-10612, doi: 10.1523/JNEUROSCI.3238-14.2015.

112　研究者在大鼠执行迷宫任务时检测到了新生神经元的活动：出处同上。

113　退休出租车司机重新获得"正常"大脑：Katherine Woollett, Hugo J. Spiers, and Eleanor A. Maguire, "Talent in the Taxi: A Model System for Exploring Expertise," *Philosophical Transactions of the Royal Society B: Biological Sciences* 364, no. 1522（2009）: 1407-16, doi: 10.1098/rstb.2008.0288.

114　国际象棋记忆实验在20世纪40年代首次开展，但在多年以后才用英文发表：Adriaan D. de Groot, *Thought and Choice in Chess*（The Hague: Mouton, 1965）.

115　国际象棋记忆实验是在类似条件下开展的，但有更多冠军参与：William G. Chase and Herbert A. Simon, "Perception in Chess," *Cognitive Psychology* 4, no. 1（1973）: 55-81, doi: 10.1016/0010-0285(73)90004-2.

121　拜解释为什么我们能学会记忆术：*The Easiest Way to Improve Your Memo-*

ry, trans. Håkon By (Double Bay, Australia: Lunchroom Publishing, 2007).

123　环球剧院，一台巨大记忆的机器：Yates, *Art of Memory*.

124　卡米洛和记忆剧院思想：Yates, *Art of Memory*.

124　弗卢德认为，剧院与我们的记忆有着魔力般的联系：Yates, *Art of Memory*.

124　"当罗密欧死去的时候，把他还给我吧"：William Shakespeare, *Romeo and Juliet*, in *The Globe Illustrated Shakespeare*, ed. Howard Staunton (New York: Gramercy Books, 1998), 188.

127　所罗门·谢里谢夫斯基逐渐转向使用"位置记忆法"：Luria, *Mind of a Mnemonist*.

129　记忆训练有助于老年人提高记忆水平：Ann-Marie Glasø de Lange et al. (菲耶尔和沃尔霍夫为共同作者), "The Effects of Memory Training on Behavioral and Microstructural Plasticity in Young and Older Adults," *Human Brain Mapping* 38, no. 11 (2017): 5666–80, doi: 10.1002/hbm.23756.

129　年长者记忆能力的变化也反映在他们的大脑的变化上：Andreas Engvig et al. (菲耶尔和沃尔霍夫为共同作者), "Effects of Memory Training on Cortical Thickness in the Elderly," *NeuroImage* 52, no. 4 (2010): 1667–76, doi: 10.1016/j.neuroimage.2010.05.041

第六章

134　艾宾豪斯走入遗忘王国的旅程：Hermann Ebbinghaus, *Über das Gedächtnis* (Leipzig: Verlag von Duncker und Humblot, 1885). Translated by Henry A. Ruger and Clara E. Bussenius as *Memory: A Contribution to Experimental Psychology* (New York: Teachers College, Columbia University, 1913), https://archive.org/details/memorycontributi00ebbiuoft.

135　"我们当然不能直接观察到它们的存在"：Ebbinghaus, trans. Ruger and Bussenius, *Memory*, I.

136　"如果我们记住了所有的事情"：James, *Principles of Psychology*, 680.

139　即使大猩猩也能回避被注意，随后它们未成为持久记忆：Daniel J. Simons and Christopher F. Chabris, "Gorillas in Our Midst: Sustained Inattentional Blindness for Dynamic Events," *Perception* 28, no. 9 (1999): 1059–74, doi: 10.1068/p281059. 大猩猩在玩球者间穿行的实验视频可以在以下网址观看：http://viscog.beckman.illinois.edu/media/ig.html.

140　巴德利和希奇关于工作记忆的最初模型：Alan D. Baddeley and Graham Hitch, "Working Memory," *Psychology of Learning and Motivation* 8 (1974): 47–89, doi: 10.1016/S0079-7421(08)60452-1.

巴德利后来对工作记忆模型进行了修订：Alan Baddeley, "Working Memory: Theories, Models, and Controversies," *Annual Review of Psychology* 63 (2012): 1–29, doi: 10.1146/annurev-psych-120710-100422.

142　注意缺陷多动障碍(ADHD)与工作记忆：Michelle A. Pievsky and Robert E. McGrath, "The Neurocognitive Profile of Attention-Deficit/Hyperactivity Disorder: A Review of Meta-Analyses," *Archives of Clinical Neuropsychology*, published ahead of print, July 6, 2017, doi: 10.1093/arclin/acx055.

142　担忧会干扰工作记忆的操作：Nicholas A. Hubbard et al., "The Enduring Effects of Depressive Thoughts on Working Memory," *Journal of Affective Disorders* 190 (2016): 208–13. doi: 10.1016/j.jad.2015.06.056.

143　所罗门·谢里谢夫斯基试图遗忘：Luria, *Mind of a Mnemonist*.

144　关于童年遗忘症的理论思考：Heather B. Madsen and Jee H. Kim, "Ontogeny of Memory: An Update on 40 Years of Work on Infantile Amnesia," *Behavioural Brain Research* 298, part A (2016): 4–14, doi: 10.1016/j.bbr.2015.07.030.

145　鲍尔关于儿童早期记忆逐渐消失的理论：Patricia J. Bauer, "A Complementary Processes Account of the Development of Childhood Amnesia and a Personal Past," *Psychological Review* 122, no. 2 (2015): 204–31, doi: 10.1037/a0038939.

147　儿童在开始能够移动、走路之前，他们大脑的网格细胞系统尚未发育成熟，这可以解释童年遗忘症：Arthur M. Glenberg and Justin Hayes, "Contribution of Embodiment to Solving the Riddle of Infantile Amnesia," *Frontiers in Psychology* 7 (2016): article 10, doi: 10.3389/fpsyg.2016.00010.

147　围神经元网络及它们在记忆发展中的作用：Renato Frischknecht and Eckart D. Gundelfinger, "The Brain's Extracellular Matrix and Its Role in Synaptic Plasticity," *in Synaptic Plasticity*, eds. Michael R. Kreutz and Carlo Sala, *Advances in Experimental Medicine and Biology* 970 (2012): 153–71, doi: 10.1007/978-3-7091-0932-8_7.

研究者帕利达(Sakida Palida)认为，围神经元网络可以部分解释儿童遗忘症：Laura Sanders, "Nets Full of Holes Catch Long-Term Memories," *ScienceNews*, October 20, 2015, https://www.sciencenews.org/article/nets-full-holes-catch-long-term-memories.

154　哈马尔对抑郁症和记忆的研究：Åsa Hammar and Guro Årdal, "Cognitive Functioning in Major Depression—A Summary," *Frontiers in Human Neuroscience* 3 (2009): article 26, doi: 10.3389/neuro.09.026.2009.

Åsa Hammar and Guro Årdal, "Verbal Memory Functioning in Recurrent Depression during Partial Remission and Remission—Brief Report," *Frontiers in Psychology* 4 (2013): article 652, doi: 10.3389/fpsyg.2013.00652.

155　哈马尔与耶鲁大学的研究者们发现了抑郁症的另一个效应：即将发表。

155　癫痫是最常见的神经疾病之一：Susanne Fauser and Hayrettin Tumani, "Chapter 15—Epilepsy," in *Cerebrospinal Fluid in Neurologic Disorders*, eds. Florian Deisenhammer, Charlotte E. Teunissen, and Hayrettin Tumani, *Handbook of Clinical Neurology* 146, 3rd series (2017): 259–66, doi: 10.1016/B978-0-12-804279-3.00015-0.

159 创伤性脑损伤后,记忆发生问题是很常见的:P. Azouvi et al., "Neuropsychology of Traumatic Brain Injury: An Expert Overview," *Revue Neurologique* 173, no. 7–8 (2017): 461–72, doi: 10.1016/j.neurol.2017.07.006.

159 关于阿尔茨海默病及可能病因的总结回顾:Kaj Blennow, Mony J. de Leon, and Henrik Zetterberg, "Alzheimer's Disease," *The Lancet* 368, no. 9533 (2006): 387–403, doi: 10.1016/S0140-6736(06)69113-7.

160 《依然爱丽丝》:*Still Alice*, directed by Richard Glatzer and Wash Westmoreland (New York: Killer Films, 2014).

161 对阿尔茨海默病原因主要理论"淀粉样物质假说"的批评:Anders M. Fjell and Kristine B. Walhovd, "Neuroimaging Results Impose New Views on Alzheimer's Disease—The Role of Amyloid Revised," *Molecular Neurobiology* 45, no. 1 (2012): 153–72, doi: 10.1007/s12035-011-8228-7.

162 发育性遗忘——由于海马功能紊乱导致记忆形成能力的先天缺失:Faraneh Vargha-Khadem, David G. Gadian, and Mortimer Mishkin, "Dissociations in Cognitive Memory: The Syndrome of Developmental Amnesia," *Philosophical Transactions of the Royal Society B: Biological Sciences* 356, no. 1413 (2001): 1435–40, doi: 10.1098/rstb.2001.0951.

163 逆行性遗忘,一种严重的记忆缺失,有时是由于心理机制而导致的:Angelica Staniloiu and Hans J. Markowitsch, "Dissociative Amnesia," *The Lancet Psychiatry* 1, no. 3 (2014): 226–41, doi: 10.1016/S2215-0366(14)70279-2.

但也可能由脑损伤导致,这种情况常伴有心脏搏动停止:Michael D. Kopelman and John Morton, "Amnesia in an Actor: Learning and Re-learning of Play Passages Despite Severe Autobiographical Amnesia," *Cortex* 67 (2015): 1–14, doi: 10.1016/j.cortex.2015.03.001.

163 温德·奥莫特的遗忘症故事被录制成纪录片《寻找记忆》,他本人参与了录制:*Jakten på hukommelsen*, text and direction Thomas Lien (Oslo: Merkur Filmproduction AS, 2009).

第七章

168 全球种子库因全球气候变暖受到影响:Amy B. Wang, "Don't Panic, Humanity's 'Doomsday' Seed Vault Is Probably Still Safe," *Washington Post*, May 20, 2017, https://www.washingtonpost.com/news/energy-environment/wp/2017/05/20/dont-panic-humanitys-doomsday-seed-vault-isprobably-still-safe/?utm_term=.763d10f71a68.

169 未来思维入选年度科学突破:The [*Science*] News Staff, "The Runners-Up," *Science* 318, no. 5858 (2007): 1844–49, doi: 10.1126/science.318.5858.1844a.

170 关于未来思维研究的奠基文章:Thomas Suddendorf and Michael C. Corballis, "Mental Time Travel and the Evolution of the Human Mind," *Genetic, Social,*

and General Psychology Monographs 123, no. 2 (1997): 133–67.

170 "真是糟糕的记忆": Lewis Carroll, *Through the Looking-Glass*, chap. 5 (1871; Project Gutenberg, 1991, updated 2016), http://www.gutenberg.org/files/12/12-h/12-h.htm.

171 萨登多夫的著作《鸿沟——区分我们与其他动物的科学》: Thomas Suddendorf, T*he Gap: The Science of What Separates Us from Other Animals* (New York: Basic Books, 2013).

173 所罗门·谢里谢夫斯基想象他是真的在学校上学: Luria, *Mind of a Mnemonist*.

174 关于记忆与未来思维的关系,有一段短而易读的文字介绍(第四章里已有引述): Schacter and Addis, "Constructive Memory."

176 一些研究者说,我们的思维一半以上的时间是游离在当前之外,虽然这么做快乐与否还相当存疑: Matthew A. Killingsworth and Daniel T. Gilbert, "A Wandering Mind Is an Unhappy Mind," *Science* 330, no. 6006 (2010): 932, doi: 10.1126/science.1192439.

177 儿童的情景记忆与未来思维能力是彼此平行发展的: Thomas Suddendorf and Jonathan Redshaw, "The Development of Mental Scenario Building and Episodic Foresight," *Annals of the New York Academy of Sciences* 1296 (2013): 135–53, doi: 10.1111/nyas.12189.

177—178 塔尔文的遗忘症患者"看不到"未来: Endel Tulving, "Memory and Consciousness," *Canadian Psychology* 26, no. 1 (1985): 1–12, doi: 10.1037/h0080017. The quotes are from p. 4.

178 发育性遗忘患者如何做到构建未来: Niamh C. Hurley, Eleanor A. Maguire, and Faraneh Vargha-Khadem, "Patient HC with Developmental Amnesia Can Construct Future Scenarios," *Neuropsychologia* 49, no. 13 (2011): 3620–28, doi: 10.1016/j.neuropsychologia.2011.09.015.

178 抑郁症患者很难思考未来: Williams et al., "The Specificity of Autobiographical Memory."

179 想象自杀: Emily A. Holmes et al., "Imagery about Suicide in Depression—'Flash-forwards,'" *Journal of Behavior Therapy and Experimental Psychiatry* 38, no. 4 (2007): 423–34, doi: 10.1016/j.jbtep.2007.10.004.

180 情景思维对创造力的影响: Kevin P. Madore, Donna Rose Addis, and Daniel L. Schacter, "Creativity and Memory: Effects of an Episodic-Specificity Induction on Divergent Thinking," *Psychological Science* 26, no. 9 (2015): 1461–68, doi: 10.1177/0956797615591863.

181 对未来的细致思考使得对延缓奖励的选择变得容易: Jan Peters and Christian Büchel, "Episodic Future Thinking Reduces Reward Delay Discounting through an Enhancement of Prefrontal-Mediotemporal Interactions," *Neuron* 66, no. 1

(2010): 138-48, doi: 10.1016/j.neuron.2010.03.026.

185　IPCC第五次报告:Chris Field et al., eds., *Climate Change 2014: Impacts, Adaptation, and Vulnerability. Part A: Global and Sectoral Aspects. Contribution of Working Group II to the Fifth Assessment Report of the Intergovernmental Panel on Climate Change* (Cambridge and New York: Cambridge University Press, 2014).

196　披头士乐队演唱的《在我的生命里》:"In My Life," performed by the Beatles, songwriters Lennon-McCartney, track 11 on *Rubber Soul*, LP, Parlophone, 1965.

致谢:美好记忆的菜谱

通过本书的写作,我们共同创造了许多难忘的回忆。某种程度上,一个新奇、独特的怀旧记忆深深地印刻在我们的脑海。为此,我们要感谢很多人,因为这种记忆的结晶绝不是凭空产生的。

当探究记忆奥秘的时候,很显然,从优秀潜水员那里得到帮助绝对是一个优势。我们曾经问卡泰丽娜·卡塔内奥是否能够帮助我们重现那个著名的实验,她问:"你们需要多少潜水员?"卡泰丽娜是我们的好朋友和支持者,也是一位杰出的作家,她不仅作为一名参与实验的潜水员作出贡献,还在许多其他方面为我们提供帮助。我们也要感谢吉尔特潜水基地的夸默、保尔森(Rune Paulsen),以及阴雨绵绵的2月里那一天参加潜水活动的10位非凡的潜水员。

我们要向4位国际象棋冠军西蒙·阿格德斯泰因、奥尔加·多尔日科娃、雅利安·塔里及哈默表示感谢,尽管在他们的记忆中,为我们的研究付出的努力相比于他们在国际象棋领域所获得的成就来说微不足道。在热气球的实验中,我们得到了我们的挪威编辑的妻子安妮塔·乌特加德(Anita Reinton Utgård)的帮助,她善意地与我们达成"阴谋"协议,提供了杰出编辑埃里克·索尔海姆的童年照片。埃里克从一开始就知道我们想得到什么,并帮助我们尽可能地完善这个作品。在此,对安妮塔和埃里克表达衷心的感谢!

我们要感谢阿德里安·普拉孔给我们的宝贵回忆。他带我们来到对他来说意义非凡的于特岛。对他来说,这里既是快乐无忧的天堂,也是遭受恐怖袭击的地狱。

感谢所有为书中的采访作出贡献的人!感谢每一位受访者,特别要感谢乌尔曼、克乔斯、特雷西·伦和阿尔内·克瓦尔维克,他们一点点地改变了我们的生活,让我们在撰写这本书的过程中变得更加智慧。

此外，我们还有一个庞大而多样的应援小组，包括格拉尔（Simon Grahl）、塔夫特（Mia Tuft）、神经心理学领域的同事和朋友们；希尔德读书俱乐部和作家朋友们，包括维纳内斯（Eivor Vindenes）、霍尔门（Tone Holmen）、克莱梅岑（Hedda Klemetzen）和米凯尔森（Vera Micaelsen）；徒步旅行者奥斯兰（Marit Ausland）。当然，给予我们最大支持和后援的是我们的家人们，他们是马特（Matt）、尼克拉斯（Niclas）、丽芙（Liv）、海达（Heidar）和埃弗（Eyvor）。

最后，我们要感谢我们的姐姐唐杰，不仅要感谢她慷慨地分享了她的濒死经历，也感谢我们持有的共同记忆。就像那次我们被困在博多小屋附近的沼泽里：于尔娃是第一个被困住的，唐杰来救她，但也被困住了，希尔德来了，但也不太走运。我们站在那里，呼唤我们的父亲，他最终把我们从沼泽泥潭中拉了出来。这再一次表明，我们并不总是能从刚刚过去的事件中吸取教训。不过，这种记忆会伴随我们终生。

译 后 记

　　学习和记忆是脑的基本功能。学习是指获取新信息和新知识的神经过程,记忆则是对信息和知识进行编码、存储或读取的神经过程。我们能够获得关于外部世界的新知识,是因为经历改变了我们的大脑。我们拥有的知识大部分是通过学习获得,通过记忆存储下来。我之所以是我,很大程度上是由学习与记忆的知识所决定。

　　记忆并非只是对过去的记录,记忆使我们进一步获取知识、思考未来。人类拥有将知识传授给他人或从他人那里获得知识的强大能力,在此过程中,人类创造出文化,并代代传承。然而,从几十万年前的智人到现代人类,脑的体积似乎并没有明显增加。因此,对推动人类文明产生和发展起决定因素的,并非脑体积增加,而是脑的精细结构和运作机制的改变。

　　记忆一直是哲学、心理学和生物学的中心问题。19世纪后期以前,对记忆的绝大部分研究局限于哲学思辨领域。之后,记忆研究逐渐转到实验范畴,开始在心理学领域展开,近40年来才转移到生物学领域。21世纪初,心理学与生物学关于记忆的科学问题汇聚到了一起,描绘了一幅崭新的关于大脑如何记忆的图画。记忆很有可能成为第一个被阐明的精神机能。

　　本书既是一部关于记忆的学术历史著作,也是一部优美的科普文学著作。作者希尔德·厄斯特比和于尔娃·厄斯特比是一对姐妹,希尔德是记者、编辑和小说家,于尔娃是神经心理学家。国内外关于记忆的学术著作和科普读物非常多,但这是我迄今阅读过的最优美的一部。得益于两姐妹的专业背景,本书学术内容严谨,文字叙述生动,举例经典有趣,非常适合不同知识储备和不同专业背景的读者阅读。

　　本书共有7章。第一章介绍脑的海马结构的发现史,以及记忆研究史上两位最著名的实验对象:加拿大的亨利·莫莱森与俄罗斯的所罗门·谢里谢夫斯基。莫莱森因治疗癫痫而接受海马切除手术导致顺行性遗忘,从此不能形成任何新的记忆;谢里谢夫斯基则具有超强的记忆力,对任何事物过目不忘。第二章至第六章分别讲述记忆痕迹、自传体记忆、虚假记忆、超常记忆以及遗忘的问题。第七章讲述记忆及其与人类社会的问题。

感谢复旦大学生命科学学院顾凡及教授向上海科技教育出版社推荐我承担本书翻译工作。我和顾先生曾在复旦共事近十年,他长期从事生物物理学、生物信息学方面的研究,对脑的高级认知功能、意识及其脑机制有独到的见解,更难能可贵的是,他笔耕不辍,著述成果、科普成果丰硕。他自己完全可以亲自翻译本书,但他极力向出版社举荐我,在此,向顾先生表达诚挚的敬意!

我在南昌大学生命科学研究院的部分研究生及本科生参加了本书章节的初译工作。本科生程沈婕承担了序言和第一章的初译;硕士研究生彭瑜、张宏飞、李灿、杜文悦和周龙文分别承担了第二章、第四章、第五章、第六章和第七章的初译。他们是神经生物学、脑认知功能研究领域的入门者。对他们来说,翻译科学出版物可能是人生第一回,翻译的过程同时也是学习的过程。

在本书翻译过程中,我在杭州师范大学教育学院的同事和学生给予了大力支持和宝贵协助。没有她们的贡献,本书翻译不可能如期完成。硕士研究生吴迪初译了致谢部分;王春杰、贾茜博士分别对第五章、第六章进行了第一轮译校;张馨元硕士初译了第三章,并对第一章、第二章、第四章和第七章进行了第一轮译校,她扎实的英语和中国语言文学功底为本书添彩甚多。

在上述学生及同事的初译和初校的基础上,我对书稿逐句进行了全面校译,部分章节几乎重译,初译的错误均反馈给学生或同事。如前所述,参与初译的学生和同事要么是神经科学的初入门者,要么没有神经科学专业背景,因此,我重点对书稿涉及的对科学内容的描述进行了把关。尽管如此，翻译难免会存在一些差错，敬请读者不吝指正！

特别感谢杨雄里院士、梅镇彤先生拨冗为本书作序！梅先生是我硕博连读研究生导师，是她把我带入了神经科学研究的殿堂，近九十五高龄的她时刻关注着神经科学的进展。杨先生是我的老领导、老前辈，他对中国神经科学的发展和青年人才的培养倾注了巨大热情和努力，八十高龄的他每天还工作在神经科学的殿堂。两位长辈几十年来对我的培养与提携，晚辈没齿难忘！

最后，感谢上海科技教育出版社的信任，感谢殷晓岚主任、伍慧玲编辑耐心细致的工作！

李葆明

2021年7月

图书在版编目(CIP)数据

记忆的探险:我们为何能记、易忘,还虚构人生/(挪威)希尔德·厄斯特比,(挪威)于尔娃·厄斯特比著;李葆明译.—上海:上海科技教育出版社,2021.8
(哲人石丛书.当代科普名著系列)
ISBN 978-7-5428-7552-5

Ⅰ.①记… Ⅱ.①希… ②于… ③李… Ⅲ.①记忆术 Ⅳ.①B842.3

中国版本图书馆CIP数据核字(2021)第126696号

责任编辑　伍慧玲
装帧设计　李梦雪

JIYI DE TANXIAN
记忆的探险——我们为何能记、易忘,还虚构人生
[挪威]希尔德·厄斯特比　[挪威]于尔娃·厄斯特比　著
李葆明　译

出版发行　上海科技教育出版社有限公司
　　　　　(上海市柳州路218号　邮政编码200235)
网　　址　www.sste.com　www.ewen.co
经　　销　各地新华书店
印　　刷　常熟华顺印刷有限公司
开　　本　720×1000　1/16
印　　张　15.25
版　　次　2021年8月第1版
印　　次　2021年8月第1次印刷
书　　号　ISBN 978-7-5428-7552-5/N·1126
图　　字　09-2019-482号
定　　价　55.00元

Å dykke etter sjøhester:
En bok om hukommelse
by
Hilde Østby and Ylva Østby
Copyright © CAPPELEN DAMM AS 2016
Simplified Characters Chinese edition Copyright © 2021
by Shanghai Scientific & Technological Education Publishing House Co., Ltd.
ALL RIGHTS RESERVED